础砂岩抗蚀性力学机理研究

李晓丽　著

中国水利水电出版社
www.waterpub.com.cn
·北　京·

内容提要

本书针对内蒙古鄂尔多斯丘陵区准格尔旗础砂岩侵蚀特点，从础砂岩机械组成、元素和化学物质构成等物化性质出发，结合准格尔旗降水、温度变化等气象条件，对原状础砂岩、重塑础砂岩抗剪强度、无侧限抗压强度、残余强度等基本力学指标、础砂岩反复冻融前后的表观特征、微观结构和微孔隙的变化规律进行分析研究，初步建立了础砂岩无侧限抗压强度、础砂岩剪胀规律模型、基于邓肯-张模型的础砂岩重塑土本构模型等，并对其可行性和精确性进行验证。

本书可供相关专业研究人员参考使用。

图书在版编目（CIP）数据

础砂岩抗蚀性力学机理研究 / 李晓丽著. -- 北京 ：中国水利水电出版社，2018.8 （2025.4重印）
ISBN 978-7-5170-6820-4

Ⅰ. ①础… Ⅱ. ①李… Ⅲ. ①砂岩－岩石力学－研究 Ⅳ. ①P588.21

中国版本图书馆CIP数据核字(2018)第206273号

书　　名	础砂岩抗蚀性力学机理研究 PISHAYAN KANGSHIXING LIXUE JILI YANJIU
作　　者	李晓丽　著
出版发行	中国水利水电出版社 （北京市海淀区玉渊潭南路1号D座　100038） 网址：www.waterpub.com.cn E-mail：sales@waterpub.com.cn 电话：（010）68367658（营销中心）
经　　售	北京科水图书销售中心（零售） 电话：（010）88383994、63202643、68545874 全国各地新华书店和相关出版物销售网点
排　　版	北京智博尚书文化传媒有限公司
印　　刷	三河市元兴印务有限公司
规　　格	170mm×240mm　16开本　12印张　185千字
版　　次	2019年4月第1版　2025年4月第3次印刷
印　　数	0001—2000册
定　　价	58.00元

前言 FOREWORD

鄂尔多斯丘陵区地面沟壑密集，沟道比降大、地貌破碎、植被稀疏，加之表层 10～14 cm 的土壤主要为白垩、侏罗系砂岩、沙砾岩风化物，下层为弱透水层（或不透水层）的砾岩，这种土壤遇水如泥、遇风成砂，风蚀与水蚀非常严重，群众深受其水土流失危害，视其危害毒如砒霜，故称其为“砒砂岩”。这种土壤表层结构松散，胶结力差，易被水侵蚀，又当地降雨时空分布极不均匀，暴雨集中，且其强度大，年降水量在 300～400 mm，5—9 月降水量就占年降水量的 87%～95%；多年平均土壤侵蚀模数高达 30 000 t/km^2，粒径大于 0.05 mm 的粗沙占 80%，平均每年向黄河输送泥沙高达 1 亿 t 以上，约占黄河上游地区年入黄河泥沙总量的 1/16，粗沙量占入河粗沙总量的 1/5，是黄河下游河床淤积抬高酿成洪水灾害的主要发源地之一。

鄂尔多斯高原水土流失严重，破坏了本已十分脆弱的生态环境平衡，导致整个地区生态环境日趋恶化，同时鄂尔多斯地区又是中国黄河流域煤炭能源基地的核心区，西部地区又分布着丰富的铅、锌、钙等矿产资源，随着煤炭、矿产资源的开发，加速该区域水土流失，引发严重的环境生态问题，直接制约了该地区的持续发展。但由于砒砂岩成岩度低、地质条件恶劣、结构强度极低、水土流失极其严重，使其治理难度极大。“金山银山就是绿水青山”，砒砂岩区的生态环境改善问题是该地区的重大生态挑战。多年来，砒砂岩的基础研究工作一直在持续深入，并取得了很大成绩，从砒砂岩区侵蚀机理到生态治理、工程治理等，都对该地区的生态保护和环境恢复起到了至关重要的作用。

本书在已有研究成果的基础上，针对鄂尔多斯准格尔旗砒砂岩严重侵蚀区，从研究砒砂岩结构组成和物理化学性能入手，结合土力学、岩土力学、岩石力学、土壤冻融侵蚀模型等，通过试验和理论分析相结合的方法，探讨砒砂岩侵蚀的特点和主要影响因素的关系，寻找各影响因子的权重，构建原状砒砂岩、重塑砒砂岩本构关系模型，为实现砒砂岩区水土侵蚀合理防治和砒砂岩在工程建筑中的合理利用提供一定的理论依据。

本书针对砒砂岩冻融-风复合侵蚀的特点，从砒砂岩分布区自然含水量、砒砂岩种类、相对密度、机械组成等物理性质入手，通过对地区季节温度、昼夜温度、降雨、大风等气候因素变化特点的分析，以自然因素影响下的砒砂岩土体为研究对象，针对不同频率、不同冻融次数、不同极端温度下的冻融循环作用，试验研究砒砂岩原状土体及相同干密度控制下重塑土体的组构、级配、含水量、黏聚力、内摩擦角等土性指标的相应特征；通过电镜扫描、超景深显微镜、动态图像颗粒分析仪、压汞仪等对砒砂岩冻融前后和反复冻融后颗粒的排列、粒子尺度分布孔隙等微观结构进行观测。探究了砒砂岩反复冻融作用下的抗剪强度、抗压强度等力学性能的变化规律；得到了冻融作用下土体的内应力——黏聚力、抗剪强度变化规律；建立了砒砂岩在反复剪切作用下的剪胀规律；得到了砒砂岩冻胀和融沉的起始含水率以及冻胀和融沉的规律；建立了砒砂岩邓肯-张本构模型；并对微观结构进行了定量的分析，提供了砒砂岩冻融结构变化的直观佐证。

本书的研究得到了国家级基金（项目编号：41261070）的资助。本书的研究成果在国家核心期刊发表论文 11 篇，其中 EI（工程索引）收录 3 篇。

参加本书所涉及内容的项目研究人员有内蒙古农业大学李晓丽、解卫东、白英、于际伟、刘李杰、翟涛、张强、李明玉、陈溯航、常平、邬尚赟、郭雒敏和张赢。

作者在研究的过程中，得到了内蒙古农业大学申向东教授、贺兵、郝中保、郑永鹏等老师的指导和试验支持，在此深表谢意。

作者真诚期待读到本书的同行、同学们对书中的不足批评指正，以便在今后的研究中弥补不足，不断进步！再次表示感谢！

作者　李晓丽

2018 年 6 月

目录 CONTENTS

第1章　绪　　论

1.1　砒砂岩抗蚀性研究的意义

砒砂岩侵蚀在我国西北、华北等地较为严重，特别是在内蒙古自治区砒砂岩侵蚀问题特别突出，全自治区侵蚀面积达27.17万km^2，占自治区总面积的23.6%；而且在内蒙古自治区西部鄂尔多斯高原的东胜、准格尔、达拉特旗等地砒砂岩侵蚀强度特别大，侵蚀模数可达8 500 t/(km^2·a)。而该地区水土流失就是以冻融风化侵蚀和重力侵蚀为主，且存在着特殊的风水两相侵蚀产沙机制[1]。

鄂尔多斯丘陵区是砒砂岩广泛分布区，地面支离破碎，沟壑密度大，地理地貌独特。该地区是古生代二叠纪、中生代三叠纪、侏罗纪和白垩纪的厚层砂岩、砂页岩和泥岩组成的互层，砒砂岩区总面积为11 682 km^2，占晋陕蒙接壤地区总面积的22.5%，其中完全连片裸露区面积为6 262.8 km^2，占砒砂岩区总面积的53.6%，盖沙砒砂岩区面积2 795.3 km^2，占砒砂岩区总面积的23.9%[2]。又由于鄂尔多斯丘陵区属季节性气候，每年约有6个月为冻结期。特别在每年秋冬、冬春季节，这一期间温度昼夜变化大，白天在太阳辐射照耀下温度迅速升高，产生“融解”现象，晚间温度快速下降产生“冻结”，昼夜“融解”和“冻结”交替，砒砂岩土壤昼夜胀缩交替，“水”“冰”相变频繁，使得该地区冻融侵蚀强烈。冻融侵蚀主要发生在冬春季，风向多与沟道垂直或高角度相交。而且该地区冬春季大风次数多，因此加剧砒砂岩风化物的风蚀过程，使得表层堆积风化物被吹蚀，侵蚀更加严重。由于水蚀、风蚀和重力侵蚀的综合作用，因此砒砂岩区成为黄土高原集中的碎屑基岩产沙区的核心，是黄河流域基岩集中产沙的主要来源区，也是我国沙尘暴来源地之一。

砒砂岩是指发育在砒砂岩母质上的坡地栗钙土类的各种土壤，其母质主要为白垩、侏罗系砂岩、砂砾岩风化物，结构松散，胶结力差，易被水侵蚀；从砒砂岩土类土壤剖面的分化来看，全剖面由腐殖质层、钙积层、母质层组成。腐殖质层呈栗色，土壤质地为砂壤土，保肥保水能力较差，易受干旱，生产水平不太高；钙积层呈灰白色，较坚硬，是农业生产和植物生产的障碍层[3]。砒砂岩颜色混杂，一般以粉红色、紫色、灰白色、灰绿色交错相间而存在，物理力学性质较为稳定，与一般土壤相比，砒砂岩的密度较大，孔隙比较大，压缩性较小，渗透性较大，干燥状态具有一定的结构强度，浸水饱和后结构破坏，黏聚力迅速减小，且变化幅度大，呈较强的湿陷性；由于砒砂岩覆盖层厚度小和压力低的特点，使其成岩程度低、颗粒胶结作用差、结构强度不稳定，无水坚硬，遇水如泥，遇风成砂，水土流失严重[3]。同时也由于砒砂岩自身物理、化学性质和当地特殊的自然、人文环境，使得其极易发生风化剥蚀，群众深受其害，视害毒如砒霜，故称其为“砒砂岩”。

砒砂岩是一种易于受风化和侵蚀、遇水松软、强度急剧下降的一种砂岩岩体，在自然界，受风力、雨水和自身重力等内外因素的共同作用下，砒砂岩岩土体的强度难以保持恒定不变，这种作用也会引起砒砂岩土体内部应力状态随之发生变化，因此砒砂岩区域这种强烈的侵蚀、水土流失和边坡稳定问题与砒砂岩本身的力学性质有着直接的关系，这些内因和外因的综合作用也是该地区砒砂岩水土流失现状产生的原因[4-6]。近些年随着建筑业进程加快，该地区的公路、铁路、桥梁等土木工程迅猛发展，由于地面下的含水量较大，工程中大部分砒砂岩以沙土的形式被开挖，开挖出的沙土再次用于基础、路基的回填，但回填后的砒砂岩土壤裸露在表面，这种堆积的沙砾岩土壤经过自然中干湿循环，固结沉积，干燥后坚硬，强度大，但是遇水松软，强度急剧减小。从砒砂岩颗粒排布结构分析可知：其颗粒与颗粒间的黏结力很弱，水分对胶结物质的软化作用效应较显著，又因为自身渗透系数较大，容易吸收外界的水分，所以即便没有达到饱和，也能使砒砂岩的抗压能力迅速降低或消失[7]。砒砂岩土这种特殊的性质势必对工程施工产生极其不利的影响。

因此从力学机理对砒砂岩土体经冻融循环作用引起的结构变异、结构平衡重组等方面开展研究，对砒砂岩的风化、侵蚀防治以及工程应用都有重要意义。

1.2 国内外发展状况

关于础砂岩的研究大约开始于20世纪末，近年来随着人类对环境的重视与对生态问题的关心，人们才逐渐开始注意到该地区所显现出来的生态问题，近年来研究础砂岩的性质以及治理已经成为国内研究的一个热点问题。

1.2.1 砒砂岩物质构成

砒砂岩风化的主要因素是特殊的岩性（矿物成分、孔隙特征、胶结等）条件。由于砒砂岩颗粒胶结能力弱、结构松散，在风蚀、水蚀、重力侵蚀等作用下导致砒砂岩大面积裸露并发生流失和边坡问题。石迎春、叶浩、吴利杰、石建省、侯宏冰、李长明、董晶亮等[8-11]对砒砂岩的矿物成分、化学成分、岩性组合等方面进行研究，认为砒砂岩所含的主要矿物成分分别是钾长石、石英、方解石和钙蒙脱石，其余岩石成分含量较低，其中钙蒙脱石的含量为10%～25%；方解石含量差别较大，最小含量为1%，最大含量约为20%；钾长石的含量为20%～50%[12]。主要氧化物成分有3种，分别是二氧化硅（SiO_2）、氧化铝（Al_2O_3）和氧化钙（CaO），其质量分数为SiO_2＞Al_2O_3＞CaO＞其余，其中SiO_2占总量的65%左右；Al_2O_3约为14%，其余各氧化物成分质量都在10%以下[13]。其中钙蒙脱石、方解石和钾长石的平均含量超过50%，显著降低了岩石的物理学性质[14]。认为砒砂岩极易侵蚀的主要原因是方解石所起的胶结作用较弱，钾长石易于风化和钙蒙脱石遇水膨胀，同时不同的岩性组合减弱了砒砂岩的抗侵蚀能力。因为方解石是一种碳酸钙矿物，胶结能力差，使得砒砂岩颗粒间连接脆弱，抗侵蚀能力性降低；钾长石、钙蒙脱石均是铝硅酸盐，钾长石中含有钙、钠和钾等，脆性强，且较易风化；而钙蒙脱石吸水性强，遇水极易膨胀，可见砒砂岩的主要物质决定了砒砂岩的抗侵蚀能力较弱[9]。在结构构成上，砒砂岩通过较少含量黏土矿物和方解石，将砒砂岩颗粒通过孔隙方式胶结在一起，又由于砒砂岩属于中粗砂[7]，砒砂岩土壤中粗粉粒含量大，土壤中缺乏黏粒，颗粒较均匀，因此胶结的土壤结构差，稳定性降低，抗蚀性减弱，再加上砒砂岩的渗透力弱、径流冲刷力强、可蚀性强[15-16]。

1.2.2 砒砂岩侵蚀机理

在砒砂岩区，水利部黄河水利委员会毕慈芬，四川大学方铎、杨具瑞等通过砒砂岩区西召沟小流域冻融风化侵蚀实测资料，分析了冻融风化侵蚀与沟道各变量之间的关系，并对小流域土壤侵蚀进行系统分类，针对砒砂岩小流域的冻融风化，建立了小流域单位长度沟沿线沟角线冻融风化侵蚀量比例模型和冻融风化侵蚀模数比例模型，探讨了砒砂岩区土壤侵蚀的类型和机理[15,17]；中国科学院地理科学与资源研究所唐政洪、蔡强国、李忠武、赵国际等通过对砒砂岩土壤的理化性质及侵蚀产沙特性的分析，表明砒砂岩土壤的产流和产沙能力均高于当地的黄土和风沙土，建立了砒砂岩地区的水蚀模型，并对水力侵蚀过程进行了模拟[15,16,18]。

1.2.3 砒砂岩生态治理

在生态治理上，毕慈芬等[2]的研究成果认为，用植物可以作为砒砂岩区的柔性坝，主要植物沙棘在起到拦沙、泄流、消能、缓洪作用的同时，还可以恢复当地生态。王愿昌、吴永红、闵德安、常玉忠等通过对砒砂岩区治理水土流失的生物措施及工程措施进行调研分析，提出了砒砂岩区综合治理的总体思路，并总结了不同类型砒砂岩区的措施空间配置模式[20]。

为加快砒砂岩区水土流失治理，砒砂岩区以淤地坝为主体，在沙棘植物“柔性坝”技术基础上，在各支流建起拦沙坝、拦泥库，既可以防治水土流失，又能够改善土壤结构[21-23]。但是对于砒砂岩区已冲蚀成的较陡沟坡，植物拦截对于沟头、坡面、沟道等位置的防护效果不明显[24]，传统的生物、工程措施很难完全达到治理水土流失的效果。于是苏涛等[25]利用EN-1固化剂技术对砒砂岩区边坡进行抗冲稳定性处理，确定了EN-1掺量、养护龄期、压实度和土壤含水量等适合砒砂岩区固化边坡的指标。姚文艺等[26]利用纳米改性方法，通过加入抗紫外线稳定剂、保水剂、植物促生剂等功能性材料，成功研发了基于亲水性聚氨酯树脂的W-OH-FS环保型复合材料，有效地改变了砒砂岩坡面结构组成，固结促生，为快速地治理砒砂岩区水土流失提供了新的途径。

1.2.4　砒砂岩资源化利用

韩霁昌等[27-29]则将该地区土地沙化和严重的水土流失产生的砒砂岩与沙进行混合，复配成新型的土壤，这种复配土壤能够适宜多种植物的生长，具有一定的广泛性和适宜性。

砒砂岩呈层状结构，并含有大量钙蒙脱石，因此具有较强的阳离子交换能力和吸附性能，既廉价又环保，可以作为良好的天然吸附材料。温婧等[30,31]研究发现砒砂岩对铅具有良好的吸附效果，可显著降低土壤弱酸提取态铅的含量，增加可还原态与残渣态铅含量。由于砒砂岩具有弱透水性，其渗透能力低于黄土和砂土，甄庆等[32,33]还将砒砂岩作为矿区修复料，确定较好的排土场重构结构自上而下为黄土（50 cm）、砒砂岩（20 cm）和土石混合结构（容重较高），为该地区土石混合结构水分运动提供了一定的理论基础，并为该地区煤炭的开采后植被、地质地貌、土壤的恢复以及土地的高效利用提供了新的技术支撑。

董晶亮、王立久等[34-36]对砒砂岩的胶结机理、遇水膨胀溃散机理、砒砂岩中膨胀性物质的种类和来源、砒砂岩中钙蒙脱石的基本参数进行了深入研究，根据砒砂岩膨胀机理对砒砂岩进行改性，将砒砂岩中含有的碱溶性材料蛭石、钙蒙脱石和钾长石等用碱激发的方法进行激发反应，使砒砂岩具备一定的火山灰活性，实现砒砂岩的胶凝化，将砒砂岩转变为建筑材料。可为砒砂岩的就地资源化利用，将其化害为利、变废为宝提供了有益的启示。

随着砒砂岩研究的深入发展，李晓丽等针对鄂尔多斯丘陵区的砒砂岩抗蚀性的力学机理开展了深入研究，由于其受含水量的影响显著，针对原状砒砂岩、重塑砒砂岩在冻融条件下的力学性能的分析，可为砒砂岩侵蚀机理分析提供基础依据，为砒砂岩区水土保持及生态治理提供理论基础。

1.3　研究的内容和方法

本书在已有研究成果的基础上，针对鄂尔多斯准格尔旗砒砂岩严重侵蚀区，从研究砒砂岩结构组成和物理化学性能入手，结合土力学、岩土力学、岩石力学、土壤冻融侵蚀模型等，通过试验和理论分析相结合的方法，探讨砒砂岩冻融—风复合侵蚀的特点和主要影响因素的关系，寻找各影响因子的权重，构建原状砒砂岩、重塑砒砂岩本构关系模型，为实现砒砂岩区水土侵蚀合理防治和砒砂岩在工程建筑中的合理利用奠定一定的理论基础。

本书针对砒砂岩冻融侵蚀的特点，从砒砂岩分布区自然含水量、砒砂岩种类、相对密度、机械组成等物理性质入手，通过对地区季节温度、昼夜温度、降雨、大风等气候因素的变化特点的分析，以自然因素影响下的砒砂岩土体为研究对象，针对不同频率、不同冻融次数、不同极端温度下的冻融循环作用，试验研究砒砂岩原状土体及相同干密度控制下重塑土体的组构、级配、含水量、黏聚力、内摩擦角等土性指标的相应特征；通过电镜扫描、超景深显微镜、动态图像颗粒分析仪、压汞仪等对砒砂岩冻融前后和反复冻融后颗粒的排列、粒子尺度分布孔隙等微观结构进行观测。探究了砒砂岩反复冻融作用下的抗剪强度、抗压强度等力学性能指标的变化规律；得到了冻融作用下土体的内应力——黏聚力、抗剪强度变化规律；建立了砒砂岩在反复剪切作用下的剪胀规律；得到了砒砂岩冻胀和融沉的起始含水量以及冻胀和融沉的规律；建立了砒砂岩邓肯-张本构模型；并对微观结构进行了定量分析，提供了砒砂岩冻融结构变化的直观佐证。

第 2 章　砒砂岩区的地质环境及气候

2.1　地质地貌及地理环境

内蒙古境内的砒砂岩主要集中分布在鄂尔多斯市大部分旗县，诸如伊金霍洛旗、达拉特旗、准格尔旗等，少部分分布于呼和浩特市清水河等地方；分布主要范围东起黄河，西达内蒙古自治区鄂尔多斯市杭锦旗毛布拉孔兑，主要西北缘地区的毛乌素地区，方向为从西北到东南，南抵陕西省榆林市神木县城，从北一直分布到库布齐沙漠介于东经 108°46′～111°41′，北纬 38°11′～40°11′之间。砒砂岩为主的小流域，沟道纵横，侧向扩张侵蚀大于沟头溯源侵蚀，各级沟道分支多，下坡汇集后沟深加大，沟床变得狭窄，沟间坡面形成狭长的坡梁。

试验区选址在内蒙古自治区鄂尔多斯市准格尔旗的圪坨店沟，该流域总面积 7 km^2，地理坐标为东经 111°12′00″～111°14′40″，北纬 40°18′40″～40°23′00″。该流域属于黄土高原丘陵沟壑区，地形冲刷侵蚀强烈，植被稀疏。“V”字形冲沟十分发育，主要呈树枝状分布（见图 2-1），纵横交错，地表支离破碎，当地人形象地称为“鸡爪子沟”。圪坨店沟小流域的上层覆盖土壤厚度 10～20 cm，主要

图 2-1　实验区砒砂岩“V”字形冲沟分布

为栗钙土、黄土、风沙土，下层为砒砂岩土；侵蚀区上层土壤发生水土流失，砒砂岩完全裸露。上层土壤特性是疏松易耕、养分含量低、比热小、土温变化幅大、抗水蚀能力弱，砒砂岩裸露区域基本无植被生长。流域内植被稀疏，覆盖度在10%左右，常见的植被有百里香、本氏针茅、沙打旺、锦鸡儿、苜蓿、达乌里胡枝子、沙棘、沙柳、杨柳树、油松、山杏。长期以来由于不合理地利用土地，使大量的植被和原状地表破坏，水土流失严重，土壤侵蚀模数高达 14 000 t/(km^2·a)，多年平均径流模数为 46 900 m^3/(km^2·a)。

2.2 气候条件

鄂尔多斯地区属典型的大陆性干旱半干旱气候，平日多风少雨，日照丰富，年平均降水量 400 mm，最低年降雨量为 142.5 mm，最高年降雨量为636.5 mm。夏季炎热，极端最高气温为 38.1 ℃，冬季严寒而漫长，一般 10 月开始结冰，次年 4 月解冻，最冷在 12 月、1 月两个月内，最低气温为零下 30.9 ℃，寒暑变化剧烈，昼夜温差大，多年平均气温 7.3 ℃。最大冻土深度 1.50 m。年最大风速为 23 m/s，平均风速 1.7 m/s，西北风为全年主导风向，年平均大风日数为 9.9 天，无霜期为 145 天。年总蒸发量在 1 826.7～2436.2 mm，年日照时数 3 028.2 h，≥10 ℃有效积温 3 492.2 ℃。

本书对鄂尔多斯砒砂岩区东胜、准格尔旗、杭锦旗、达拉特旗、伊金霍洛旗 5 个旗市连续 30 多年的气象资料进行深入分析[7]，得到该地区风速、地温、降雨等气候因子的变化特征。

2.2.1 风速

土壤侵蚀至少具备两个条件：一个是地表土层具有可以搬运的物质，另一个是使物质搬运的侵蚀力。平均风速的统计结果表明［见图 2-2 (b)］，各地均以 4、5 月的平均风速最大，7—10 月趋于平稳，从 10 月开始又逐渐开始上升，到 11 月前后平均风速又出现第二次小高峰，也就是冬春、秋冬交际，风速加强之时。其中在 5 个旗市中杭锦旗平均风速最大，最高风速可达 5.0 m/s，而且一年中最低值也在3.2 m/s以上，因此杭锦旗受风蚀的影响更强一些；从图2-2（a）中30年出现的最大风速分布看，极大风速也出现在4、5月，其中伊金霍洛旗在各月的极值风速多数都大于其他4个地区，而且大风日数最多，因此该旗也是土壤风蚀严重的地区之一。从10月下旬到12月，极大风速值又有大幅度提高，从图2-2（a）、（b）中的最大风速和平均风速的分布规律对比可见，大风多年逐月的分布规律与平均风速很相似，这进一步说明了风力是土壤侵蚀的重要动力因素之一。

2.2.2　地温的变化

鄂尔多斯属典型的温带大陆性气候，四季分明。从图2-2（c）可以看出5个旗市同一时间多年平均地面温度的最大差值不超过3 ℃，温度变化趋势一致，可以表明由于温度变化所引起的土壤侵蚀在各地区的权重基本是等同的。图中还反映各地区间每年的2月下旬开始到3月下旬，每天的平均地温从零下上升至零上，在这一过程中每天的地温都在冻—融—冻中反复交替进行，至4月下旬一天中的地温完全上升为零上，土壤完全融化不再发生冻结，在冬春季节的冻融作用完成。从10月下旬到12月上旬又经历一个完全相反的过程，温度从零上下降至零下，直至完全冻结。在这两个时间段里，由于温度昼夜变化大，而温度交替出现频度的高低正是该地区侵蚀强度的重要因素之一，白天在太阳辐射照耀下温度迅速升高，产生“融解”现象；晚间温度快速下降，产生“冻结”，昼夜“融解”和“冻结”交替，砒砂岩土壤昼夜胀缩交替，“水”“冰”相变频繁，使得土壤结构更加松散，胶结力变差，加剧砒砂岩的风化过程，唐政洪、蔡强国等对五分地沟实地观测资料的分析表明，重力侵蚀主要发生在温较差大的月份，尤其是春、夏之交气温日差较大，冻融风化剧烈[15]。表土层因冻融而发生结构上的变异形成疏松的地表条件，使得地表物质在外营力作用下更容易分离、破坏和移动，为土壤的重力侵蚀、风力侵蚀及水力侵蚀提供了丰富的物质基础。

2.2.3　降雨的集中性

图2-2（d）所示为5个旗市平均降水量月变化图，从图中可知，该区域的降

水时空分布极不均匀，我们沿用降水相对指数来分析其效果[16]。降水的相对指数 $C=P/P_i$，P 为实测月降水量，P_i 为全年雨量均匀分配该月应得雨量，从 10 月到次年的 5 月，5 个旗市降水相对指数 $C<1$，表明此时间段该地区为相对干旱季，C 值最小的 12 月仅有 0.040 9，应该是严重干旱季。30 年的平均结果显示，只有 6—9 月 5 个旗市降水相对指数 $C>1$，因此每年的降雨量集中于 6—9 月，均占全年降雨量的 77.80%，从图 2-2（d）可以反映出降雨量尤其集中于每年的 7、8 两个月，降水量大，暴雨集中，因此为该区域土壤的水力侵蚀提供了充分的动力保障。而相对降雨较少的 11 月到次年 5 月，各旗市的降雨量均不超过全年降雨量的 10%，所以这一时期是全年干旱期。

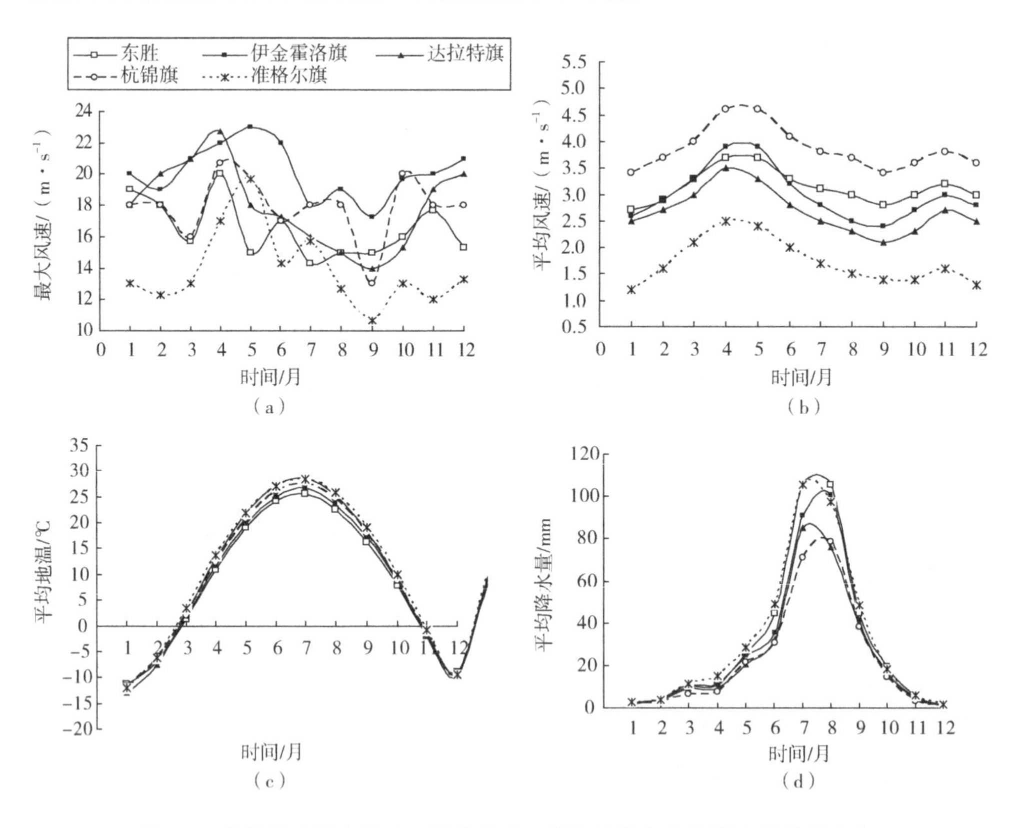

图 2-2 砒砂岩区最大风速、平均风速、平均地温与平均降水量的月变化

图 2-2（d）中虽然 5 个旗市的降水趋势基本一致，但平均降水量又存在很大

差异。东胜、准格尔旗的月平均降水量最大，伊金霍洛旗稍次之，杭锦旗、达拉特旗降雨量最少。在降雨最集中的 7 月、8 月，平均降雨量的最大差值可达 35 mm。通过平均降雨量也反映出在这 5 个旗市区，东胜、准格尔旗和伊金霍洛旗发生水力侵蚀的剧烈程度要强于杭锦旗、达拉特旗。从实地调查的结果也发现，东胜、准格尔旗和伊金霍洛旗的沟壑分布更为密集，深度更大。因此，水力侵蚀是造成砒砂岩地区水土流失的最重要因素。

2.3　侵蚀气候因素的耦合作用

2.3.1　侵蚀气候因素时空耦合

通过前面主要气候因素的变化分析，从图 2-2 中可以看到，各地平均风速和最大风速出现最多的时期是 3—5 月和 11—12 月间，这两个区间统计的大风日数占到全年 60%以上，从对沙尘天气统计资料可以看出，这两个时段也正是沙尘天气的高发期。平均风速在多年的月平均变化存在着两个峰值，从第一个峰值看，发生在春季，仅 4 月、5 月大风日数就占全年的 40.80%以上，而在这一时期，降水量虽然有所上升，但量很小，又加之秋冬季节降水又极少，土壤含水量是全年最低谷的时期。

各地区多年的月平均地温的变化率如图 2-3 所示，各地区平均地温的变化率一年中近乎正弦函数周期性变化，3—4 月升温变化率达到最大值，5 个旗市升温变化率均在 0.32 ℃/d 以上，正是由于地温的快速回升，地表土层进入反复经历冻融的循环过程，造成地表土壤的冻融变异，使土壤内部结构特性发生改变，降低了土壤的黏聚力，形成了地表土壤疏松的特点，由于降水少、地温回升迅速、大风日数增多，这些因素在时间上的良好搭配关系引发了该地区在春季土壤侵蚀以风蚀作用为主，土壤受风力侵蚀活动剧烈，导致扬沙和沙尘暴天气的出现。而每年的 6—9 月，如图 2-3 所示，地温为最高期，降水量也处于高峰期，风速为全年最小的时期，所以无沙尘天气的发生。但降水集中，春季经反复冻融疏松的地表砒砂岩风化物以及剥蚀的砒砂岩碎屑成为水力疏松的物质基础，暴雨作用下这些物质都被输送到黄河，冲流的沟壑纵横交错，当地人形象地称之为“鸡爪子沟”，如图 2-1 所示，可见水蚀的作用在这一时期占主导。

风速的第二个峰值发生在秋冬交季 10、11 月，风速进入第二轮增长期，大风强度也随之提高，无论是大风强度还是平均风速均达到一年中的第二次峰值，而在这期间，降水量减少迅速，土壤含水量降低，从图 2-3 知 10、11 月降温变化率又达到最大值，此时土壤进入第二次反复冻融的过程，土壤白天融化，风速增强，导致该地区再一次进入风力侵蚀活跃期，风蚀活动进入第二次循环。

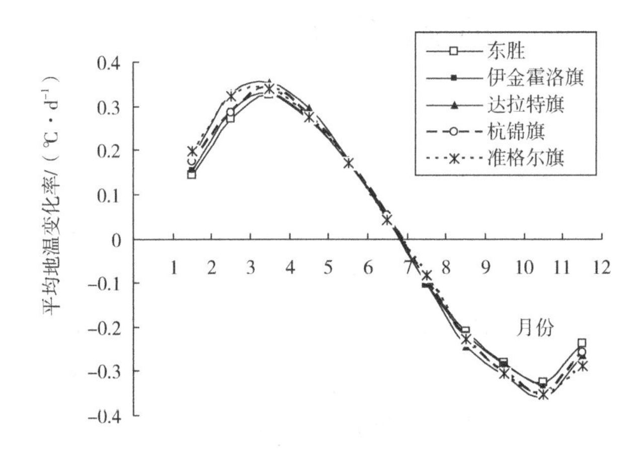

图 2-3　砒砂岩区平均地温月变化率

2.3.2 侵蚀气候因素相关性

砒砂岩区侵蚀主要以水力、重力、风—冻融侵蚀为主，而风—冻融侵蚀的突出表现形式就是沙尘暴，它造成了土壤物质的远距离搬运，而沙尘暴的发生与风速、降水及地温变化率有直接的关系。由于沙尘暴发生次数、风速大小及各影响因素在一年中不同月份存在着很大差异，如果在年的时间尺度下取平均，必然掩盖了时间上的差异性，进而影响研究结果的精确性[18]。风—冻融侵蚀中重点考虑沙尘暴、大风、地温变化率以及降雨量为主要侵蚀气候因素，因此时间尺度划分为春季的 2 月下旬到 5 月中旬和 9 月下旬到 11 月中旬两个时间段。其他两个时间段是夏季和冬季，夏季以水蚀为主，是更加复杂的土壤动力侵蚀过程。冬季土壤基本冻结，发生侵蚀的程度相比于其他时间段很小，可忽略。因此，对于风—冻融侵蚀放弃这两个时间段的影响。

考虑降水、大风和地温变化对沙尘暴的时空耦合关系。使用 MATLAB 软件，对5个旗市30年气象数据在研究的时间尺度内进行多元统计分析，可以得到以下关系式：

$$S_d = aF_w + bW + c\Delta T + d \tag{2-1}$$

式中　S_d——沙尘暴日数；

F_w——大风日数；

W——平均降水量，mm；

ΔT——地温变化率，℃；

a，b，c，d——拟合系数。各因素拟合系数及相关系数见表2-1。

表2-1　各因素拟合系数及相关系数

旗　市	a	b	c	d	R^2
东胜市	0.3180	−0.0077	0.6240	0.3690	0.9248
准格尔旗	0.5932	−0.0077	0.3023	0.1660	0.9172
伊金霍洛旗	0.5657	−0.2512	0.7103	0.2064	0.9069
达拉特旗	0.6215	−0.0166	0.2652	0.3591	0.9854
杭锦旗	0.4696	−0.0160	0.3804	0.0826	0.9329

综合以上分析可知：

(1) 砒砂岩区土壤侵蚀营力在时间上相互交替，在空间上交错分布。暖冷季节交替时以风—冻融作用为主，暖季以水力侵蚀为主。

(2) 沙尘暴是该区域风—冻融侵蚀的主要表现形式，它与降水、大风和地温变化率密切相关。各气候因素时空耦合作用是砒砂岩区土壤发生强烈风—冻融侵蚀的主要影响因素。

(3) 通过对5个旗市30年气象资料统计分析表明：沙尘暴与大风日数、温度变化率正相关，与月平均降水量负相关，而且相关系数的平方都在0.9以上，也进一步验证土壤发生强烈风—冻融侵蚀与当地的气候条件是密切相关的。

第 3 章　砒砂岩的基本物理性质

3.1　砒砂岩的基本性质

实验所用土样取自内蒙古鄂尔多斯市准格尔旗南部。试样取自地表以下深度在 30～40 cm 处，经过室内的基本实验必备处理之后，测定了离子含量、密度和塑性指数等，根据土工实验标准对砒砂岩试样开展了基本物理化学指标测定，包括含水率、密度、渗透系数、塑性指数、孔隙率等。

采用酸碱滴定的方法，对取出来的土样进行可溶性阴离子测定，测定结果见表 3-1 和表 3-2，其中表 3-1 代表浅色块状的检测结果，表 3-2 代表深色块状的检测结果。

表 3-1　浅色砒砂岩的离子分析

离子种类	SO_4^{2-}	CO_3^{2-}	HCO_3^-	Cl^-	OH^-
含量/(mg·kg^{-1})	889.8	0.0	483.5	70.91	251.0

表 3-2　深色砒砂岩的离子分析

离子种类	SO_4^{2-}	CO_3^{2-}	HCO_3^-	Cl^-	OH^-
含量/(mg·kg^{-1})	226.2	0.0	337.8	53.18	148.0

由表可知，浅色砒砂岩中的 SO_4^{2-}、HCO_3^-、Cl^-、OH^- 的含量都比深色的多，有研究可知：从煤层和泥岩释放的天然气与带酸性的混合硫酸盐将红色的砒砂岩漂白，随着反应的进行，使其在浮力驱动下携带 HCO_3^- 离子向上运移，由此储层砂岩中的长石矿物发生溶蚀和溶解，在靠近顶部红色砒砂岩位置形成高岭石沉淀。因此，浅色砂岩矿物组成中不含斜长石，随着深度的增加碱性长石含量

增大，高岭石含量减小，互为消长关系，综合研究表明浅色的砒砂岩形成于酸性环境下硫酸盐和天然气的还原作用。原状砒砂岩试块的基本物理指标见表 3-3。

表 3-3　原状砒砂岩试块的基本物理指标

天然含水量/%	渗透系数/($mm \cdot s^{-1}$)	孔隙率/%	密度/($g \cdot cm^{-3}$)	液限 w_L/%	塑限 w_P/%	塑性指数 I_P
7.7～8.83	5.2×10^{-3}	31.04～35.15	1.85～1.96	29.30	19.60	9.40

3.2　砒砂岩的粒径组成

根据土样的粒径，使用筛分（≥0.5 mm）和 BT-2002 型激光粒度分布仪（<0.5 mm）两种方法对砒砂岩土样的粒径组成进行了测定，其粒径组成见表 3-4，级配曲线如图 3-1 所示。

表 3-4　砒砂岩的粒径组成

粒径区间/mm	$d<0.01$	$0.01\leqslant d<0.05$	$0.05\leqslant d<0.1$	$0.1\leqslant d<0.25$	$0.25\leqslant d<0.5$	$0.5\leqslant d<1$	$d\geqslant1$
百分含量/%	7.47	40.83	37.07	11.13	3.50	2.7	0.74

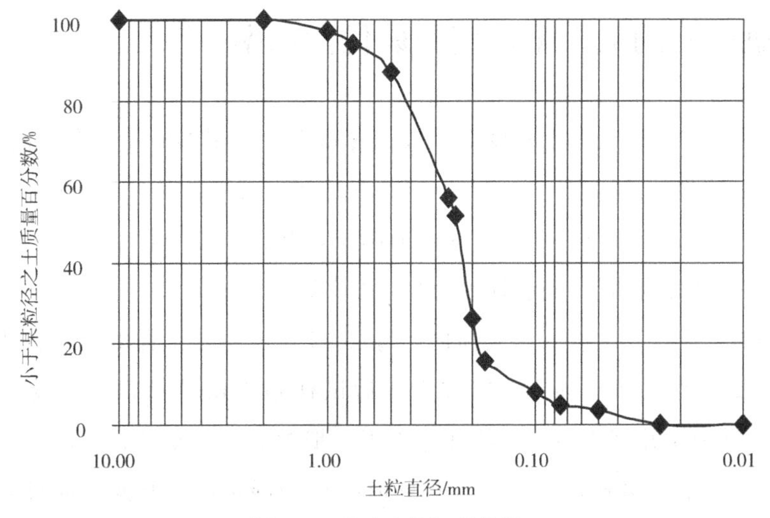

图 3-1　砒砂岩的级配曲线

由砒砂岩的粒径级配曲线确定其级配情况。

不均匀系数：

$$C_u = \frac{d_{60}}{d_{10}} = \frac{0.4}{0.15} \approx 2.7 \tag{3-1}$$

曲率系数：

$$C_c = \frac{(d_{30})^2}{d_{10}d_{60}} = \frac{0.21^2}{0.4 \times 0.15} \approx 0.74 \tag{3-2}$$

式中 d_{60}——限制粒径，颗粒大小分布曲线上的某粒径，小于该粒径的土含量占重质量的60%；

d_{10}——有效粒径，颗粒大小分布曲线上的某粒径，小于该粒径的土含量占重质量的10%；

d_{30}——颗粒大小分布曲线上的某粒径，小于该粒径的土含量占重质量的30%。

根据《土的分类标准》（GB/T 50145—2007）砂类土的分类，砂类土应根据细粒含量及类别、粗粒组的级配分类：细粒含量<5%、不同时满足$C_u \geqslant 5$、$C_c = 1 \sim 3$，将砒砂岩名称定义为级配不良砂；土代号为SP。

3.3 砒砂岩的最大干密度和最优含水率

为测定砒砂岩的最大干密度以及最优含水率，使用DK-Ⅱ型多功能电动仪，根据《土工试验方法标准》（GB/T 50123—1999）（2007版）进行击实试验。取20 kg土样烘干后并充分碾压过2 mm的筛子，配置所需的含水率。在击实前将击实筒与底座联结稳定，安装好护筒并在击实筒的内壁上涂一层润滑油，将配置好含水率的土样分3次放入击实筒内，每层25击。每层试样的高度宜相等，且两层之间接触的土面应刨毛。击实完成后试样超出击实筒顶的高度不应大于6 mm。卸下护筒并将两端多余的部分修平。把护筒的外壁擦拭干净，称量护筒和试样的总质量（精确到1 g），计算此时试样的湿密度，并换算成对应的干密度。为了检验试验过程中试样含水率是否存在误差，将试样从击实筒中取出两个代表性试样测定含水率，要求两个试样含水率之间的差值小于 1%。其他含水率的试样重复以上击实步骤，由此可以得出干密度与含水率的关系曲线如图 3-2 所示。由干密度和含水率关系曲线可知：砒砂岩的最大干密度为 1.85 g/cm³，最优含水率为 16%。

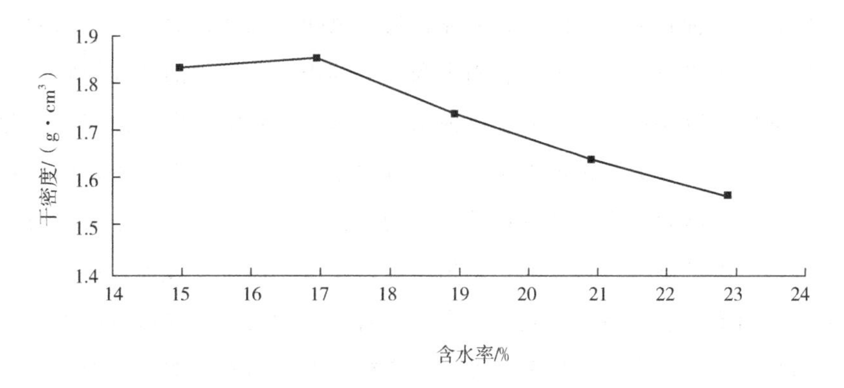

图 3-2　干密度与含水率关系曲线

试样的干密度应按下式计算：

$$\rho_d = \frac{\rho_0}{1 + 0.01\omega} \tag{3-3}$$

式中　ρ_d——试样的干密度，g/cm³；

ρ_0——试样的湿密度，g/cm³；

ω——某点试样的含水率，%。

第4章 原状础砂岩土力学性能

砒砂岩是一种孔隙与裂隙发育明显，易于风化、侵蚀，遇水强度急剧下降的一种岩体，属于半成岩。在风力、雨水和重力等内力与外力的共同影响下，使得岩土体的强度难以保持稳定，岩土体内部应力状态也将随之发生改变，因此砒砂岩区强烈的侵蚀、流失和边坡稳定问题与砒砂岩的力学性质有着密切的关系，其力学性质就是砒砂岩发生一系列地质问题的内在原因。砒砂岩边坡外缘与自然环境密切接触，由于雨水、雪水的不均匀渗透，使得岩体产生裂隙，在重力、风力等外载荷作用下，岩土体产生剥落及滑移，岩土体的运动滑移都与砒砂岩的力学性能密切相关。抗压强度、抗剪强度都是表征土壤力学性质的主要指标，其大小直接反映了土壤在外力作用下发生不稳定平衡破坏的难易程度。而岩土体出现剥落、滑移的角度又不尽相同，表明砒砂岩土体在不同方向上的力学强度存在显著差异；岩土体发生剥落与含水率的大小密切相关，水的作用往往是引起岩土体滑落的主要因素之一。

4.1 砒砂岩无侧限抗压强度[7]

4.1.1 试件制备

在野外试验场所选取背阴面未被扰动的坡面，用土撬铲除砒砂岩表面覆盖的黄土层，将砒砂岩挖深至 40～50 cm 处，制取块状的原状土试样，并及时装入试样筒中蜡封，用胶带密封保存；试样带回试验室后，将土样筒正向放置，剥去胶带开启土样筒，检查砒砂岩土样结构，去除在运输途中受到扰动和破坏的土样；确定土样没有受到扰动后，用削土刀切取一稍大于规定尺寸的土柱，放到削土架上，用切刀器切削土样，边削边向下按压切土器，直到切削到超出直径和高度 2 cm为止；取出试样，打磨试样表面，直到试样尺寸为 $\phi 60 \times 120$ mm，高径比为

2∶1的圆柱形试样，试样如图 4-1 所示。

图 4-1　试验用标准试样

把制取的 5（组）×3＝15（个）砒砂岩试样放入铁盘内，置于烘箱内，在 105～110 ℃的恒温下烘至恒温，烘干时间以 6～8 h 以宜；将试样从烘箱中取出，用密封袋密封在干燥容器中冷却至室温，去除密封袋称量每一个试件的质量，精确至 0.01 g；采用喷雾器喷水的方法[43,44]人为模拟雨水入渗改变其含水率，分别为 4%、6%、8%、10%、12%，为了保证试件含水量的均一和稳定，采用塑料袋密封包裹静置 24 h 的方法保存，静置后进行试验。所有试件的制取均严格按照《土工试验规程》(SL 237—1999) 规定进行操作。

试件浸润时加的水量按下式计算得出：

$$m_w = \omega m_d \tag{4-1}$$

式中　m_w——试样浸润达到指定含水量所需水的质量，g；

ω——指定的含水率，%；

m_d——烘干试件质量，g。

4.1.2　试验方案

影响砒砂岩无侧限抗压强度的因素有很多，主要包括含水量、土温、原始密度、颗粒级配、试验剪切速率等。本文着重分析研究不同含水量对砒砂岩抗压强度的影响，改变 5 组砒砂岩试样的含水量，依次为 4%、6%、8%、10%、12%，每组试样是 3 个，试验方案见表 4-1。

表 4-1 砒砂岩原状土无侧限抗压强度试验方案

组号	A4	A6	A8	A10	A12
含水量/%	4	6	8	10	12

为了测定砒砂岩的灵敏度，原状土的无侧限抗压强度完成之后立即重塑，再次测定其抗压强度，得出砒砂岩的灵敏度值，试验方案见表 4-2。

表 4-2 砒砂岩重塑土无侧限抗压强度试验方案

组号	A4	A6	A8	A10	A12
含水量/%	4	6	8	10	12

4.1.3 试验方法

把在密封环境浸润好的试件取出，用游标卡尺精确测量出试件的尺寸，将试件的高度和直径输入计算机，测量后的试件放在万能试验机液压器的升降台上，进行抗压强度测定。在测定的过程中，应使试件的变形速率控制在 1 mm/min 内，万能试验机自动记录试件每时刻的应力应变值和破坏时的最大压力 F 与最大压应力（抗压强度）q_u。

取试验破坏后的试件，立即包于塑料袋内用手揉搓，破坏其原有结构，装在试模内重塑成圆柱形，将试样重塑成与原试件相同尺寸、密度相等的试件，重复上述试验步骤，得到重塑土的抗压强度 q_o。

4.1.4 试验结果分析

在试验室内对砒砂岩进行无侧限抗压强度试验，温度选择为室温，按照预定含水量进行试验，试件一般在 10 min 内发生破坏，丧失强度。图 4-2 所示为砒砂岩抗压强度试验试件破坏形态，试件在试验刚开始的 1 min 内主要发生轴向应变，不借助仪器无法观测到裂纹；随着继续加压，试件表面出现第一条较细的沿轴向的竖直裂纹，并随着荷载的增加裂纹进一步扩展，之后更多的裂纹出现并逐渐发展为较宽的裂缝，这与试验现场考察时观测到的现象是一致的，砒砂岩区新鲜外漏的岩层在自身重力和上层砒砂岩压力的作用下，都呈现竖直向下的微裂纹和经过扩展之后的裂缝；荷载继续增大，裂缝继续扩展，直到这些裂纹在试件的内外逐渐贯通，贯通的部分与试件主体失去黏结力发生脱落，一般表现为中上部四周的砒砂岩先脱落，然后是最先出现的几条裂缝贯通后形成几块较大的碎屑并在荷载作用下向四周分离，顶部与底部的砒砂岩在升降台顶板与底板水平约束的作用下，局部保持完整，并呈现锥形形态。

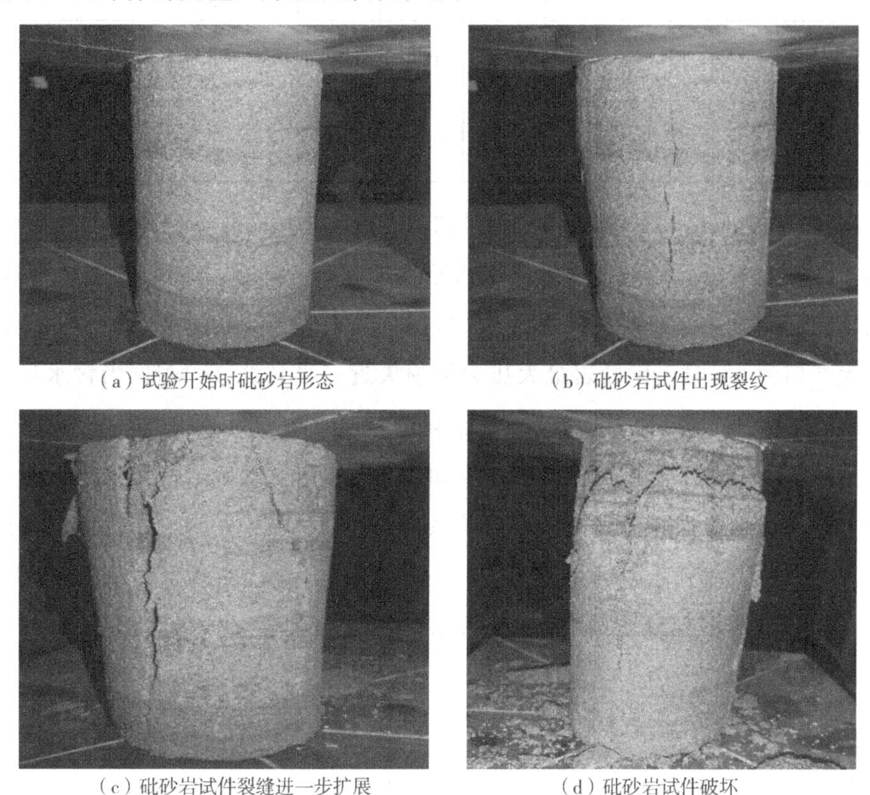

(a) 试验开始时砒砂岩形态　(b) 砒砂岩试件出现裂纹

(c) 砒砂岩试件裂缝进一步扩展　(d) 砒砂岩试件破坏

图4-2　砒砂岩抗压强度试验试件破坏形态

1. 含水量对砒砂岩无侧限抗压强度的影响

按照预定设置含水量为4%、6%、8%、10%、12%的砒砂岩试件，由于系统误差、偶然误差和试验操作使得试件的含水量难以与预定值相吻合，所以含水量以实测值为准。试验过程中复测其含水量，实测值分别为2.96%、3.67%、5.57%、6.36%、7.79%、8.86%、9.73%、11.02%、12.10%、12.11%。

表4-3是砒砂岩不同含水量下的最大压力和最大压应力（抗压强度）。由表4-3可知，随着砒砂岩含水量的增长，其试验力和应力的峰值都存在减小的趋势。

表 4-3　不同含水量的砒砂岩抗压强度

编号	A4-1	A4-2	A6-1	A6-3	A8-3	A10-3	A10-1	A12-1	A12-3	A12-2
含水量/%	2.96	3.67	5.57	6.36	7.79	8.86	9.73	11.02	12.10	12.11
试验力峰值/kN	5.10	3.30	2.58	1.87	1.65	0.98	0.57	0.47	0.29	0.52
应力峰值/MPa	1.58	1.07	0.81	0.58	0.51	0.30	0.19	0.15	0.09	0.16

图4-3是砒砂岩抗压强度试验中最大压力随含水量变化的关系曲线。由图4-3可知，试验最大压力随着含水量的增大急剧地减小，并且呈对数函数形式减小；依据其相互拟合关系知：当含水量为3%时，其最大压力值为4.47 kN；当含水量增大2倍到6%时，砒砂岩最大压力值损失近一半到2.35 kN；当含水量超过12%时，最大压力值只有0.2 kN，之后随着含水量的增大逐渐趋向于0。

抗压强度随含水量变化的关系曲线如图4-4所示，砒砂岩抗压强度以对数形式随含水量的增大而降低，由其函数关系知含水量为2.5%时，最大抗压强度可达1.6 MPa；随着含水量的增加，抗压强度前期变化较快，当含水量增加到6%时，抗压强度减小到0.74 MPa；当含水量继续增加到12%时，抗压强度只有0.07 MPa，基本丧失抗压强度。

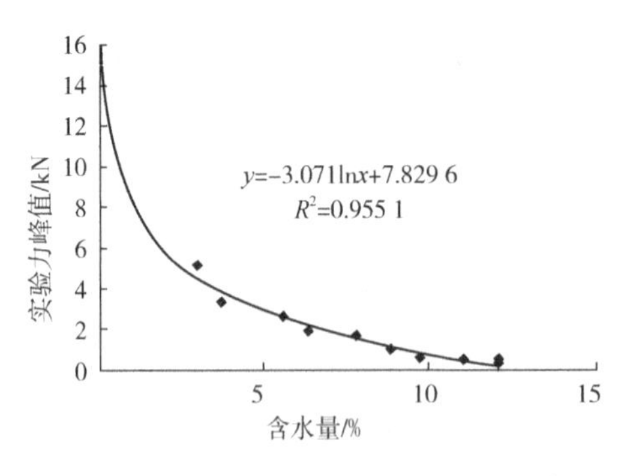

图4-3　砒砂岩最大压力与含水量的关系

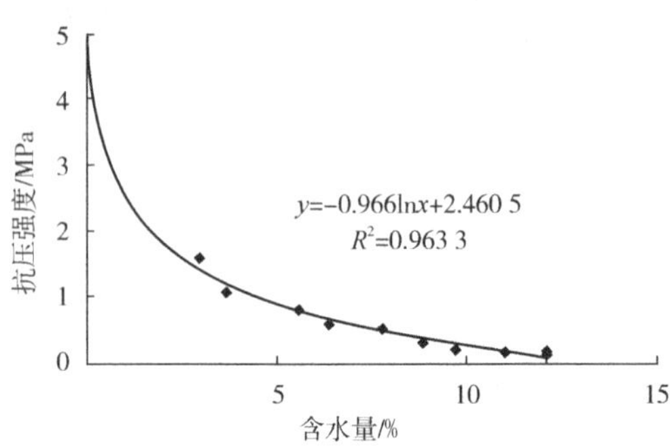

图4-4　砒砂岩抗压强度与含水量的关系

每个原状土试件完成抗压强度试验之后，立即进行重塑测定其重塑后的抗压强度，用以计算其灵敏度。含水量为2.96%、3.67%、5.57%、6.36%、7.79%、8.86%、9.73%、11.02%、12.10%、12.11%的重塑砒砂岩抗压强度和灵敏度值列于表4-4。可以看出，砒砂岩的灵敏度随着含水量的增大而逐渐减小。参照灵敏度的定义，将含水率$\omega<5\%$的砒砂岩定义为高灵敏度；$5\%<\omega<10.5\%$的砒砂岩定义为中灵敏度；$\omega>10.5\%$的砒砂岩定义为低灵敏度。砒砂岩在含水量较低的情况下，灵敏度较高，其结构性很强，受扰动后的强度就降低得多；随着含水量的增加，其灵敏度下降，相应的结构性也较弱，受扰动后的强度降低较少，但在高含水量下其本身具有的强度值就很低。正是由于砒砂岩这样的性质，低含水量的灵敏度较高，但遭受到外界的扰动后其很强的结构性发生变化，强度急剧降低；含水量增加又会强烈地减弱其强度，所以砒砂岩极易发生侵蚀破坏。同时，砒砂岩这种特殊的性质也会对工程建设产生不利的影响，尤其在基坑开挖过程中，因施工可能造成土的扰动而使地基强度降低。

表4-4　砒砂岩抗压强度和灵敏度

含水率/%	2.96	3.67	5.57	6.36	7.79	8.86	9.73	11.02	12.10	12.11
原状土强度/kPa	1.58	1.07	0.81	0.58	0.51	0.30	0.19	0.15	0.09	0.16
重塑强度/kPa	0.28	0.25	0.19	0.17	0.16	0.12	0.11	0.09	0.08	0.07
灵敏度	5.60	4.27	4.29	3.42	3.19	2.49	1.77	1.63	1.20	2.18

2. *砒砂岩无侧限抗压强度本构方程*

从宏观角度考虑土的力学特性和应力应变关系时，可以将土看成一种连续介质，从其独有的力学表现入手研究其应力应变规律，建立本构方程。采用连续介质力学模型求解岩土工程问题的关键是如何建立岩土材料的工程实用本构模型。为了研究含水量对砒砂岩抗压强度的影响，建立起抗压强度与含水量的单因子模型，总结含水量对其强度的影响规律。通过观察砒砂岩无侧限抗压强度试验应力应变曲线的特性发现，曲线在初始阶段均表现出弹性行为，应力应变曲线为直线。在试样达到屈服强度之后，塑性变形开始出现，应力随应变的增加继续增大，但增速变缓，直到达到峰值强度。之后，试样的应力应变曲线急剧地下降，抗压强度迅速减小。彭丽云等研究了正融土无侧限抗压强度的本构关系，发现用混凝土的模型描述吻合很好[37]。砒砂岩这种应力应变的表现形式不符合土力学中常用模型，相比混凝土的模型更适用，所以采用与混凝土单轴受压应力应变的数学表达式相近的公式来推导适用于砒砂岩的应力应变曲线本构关系。根据萨恩斯[46,47]模型进行描述，结果吻合很好。

$$\begin{cases} \sigma = E\varepsilon, & \varepsilon \leqslant \varepsilon_y \\ \sigma_y = \dfrac{E\varepsilon}{A\varepsilon^3 + B\varepsilon^2 + C\varepsilon + D}, & \varepsilon > \varepsilon_y \end{cases} \tag{4-2}$$

式中 σ——应力；

ε——应变；

E——弹性模量；

σ_y——弹性屈服点所对应的应力；

ε_y——弹性屈服点所对应的应变；

A，B，C 和 D——待定参数。

根据下列条件：

弹性屈服点：$\varepsilon = \varepsilon_y, \sigma = \sigma_y, E = \dfrac{\sigma_y}{\varepsilon_y}$；

峰值点：$\varepsilon = \varepsilon_f, \sigma = (\sigma_1 - \sigma_3)_f, \dfrac{d_\sigma}{d_\varepsilon} = 0$；

极限值：$\varepsilon = \varepsilon_u, \sigma = \sigma_u$。

确定本模型中的 4 个参数：$A = 1$，$B = \left(R + \dfrac{E}{E_s} - 2\right)\Big/\varepsilon_f$，$C = -(2R-1)/\varepsilon_f^2$，$D = R/\varepsilon_f^3$。

将上述参数代入式（4-2）得

$$\sigma = \frac{E\varepsilon}{1 + \left(R + \dfrac{E}{E_s} - 2\right)\dfrac{\varepsilon}{\varepsilon_f} - (2R-1)\left(\dfrac{\varepsilon}{\varepsilon_f}\right)^2 + R\left(\dfrac{\varepsilon}{\varepsilon_f}\right)} \tag{4-3}$$

其中

$$R = \frac{\dfrac{E}{E_s}\left(\dfrac{\sigma_f}{\sigma_u} - 1\right)}{\left(\dfrac{\varepsilon_u}{\varepsilon_f} - 1\right)^2} - \frac{\varepsilon_f}{\varepsilon_u}$$

式中 σ_f，ε_f ——峰值应力和峰值应变；

E_s ——应力达到峰值时的割线模量；

σ_u，ε_u ——极限点的应力和应变。

图4-5给出了含水量分别为3.67%、5.57%、6.36%的砒砂岩无侧限抗压强度应力应变试验点和模拟拟合曲线，表4-5给出了具体拟合参数。从表4-5中可以看出，拟合良好。

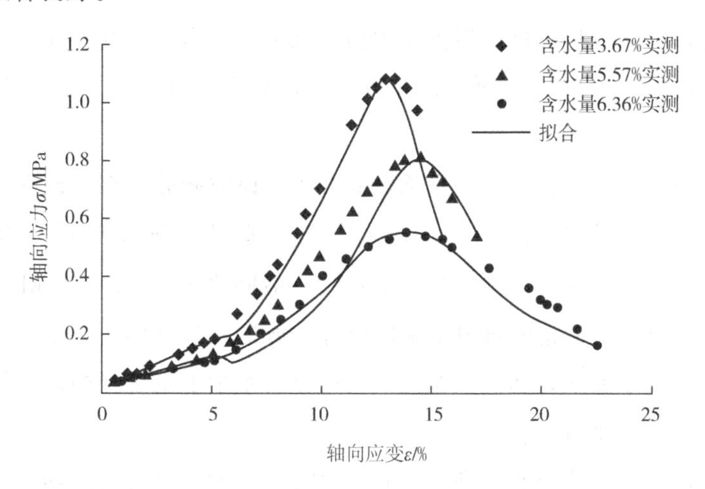

图4-5 模型验证曲线

表4-5 试验回归参数

含水量/%	E/MPa	R^2	A	B	C	D	R^2
3.67	0.029 0	0.997 3	1	0.799 4	−0.135 9	0.007 2	0.977 7
5.57	0.024 3	0.995 1	1	0.383 0	−0.062 2	0.020 2	0.973 0
6.36	0.021 1	0.996 0	1	0.126 8	−0.027 6	0.101 1	0.975 4

综上可知：含水率对原状砒砂岩无侧限抗压强度影响显著。砒砂岩抗压强度随含水率的增大呈对数规律急剧降低，直至消失。在含水率低于7%时，砒砂岩表现极强的岩性特征，破坏形式与混凝土相似，砒砂岩抗压强度的应力应变曲线符合萨恩斯模型，吻合效果很好。正由于此，砒砂岩这种特殊的性质也会对工程建设产生不利的影响，尤其在基坑开挖过程中，因施工可能造成土的扰动而使地基强度降低。

4.2 砒砂岩等应变直接剪切强度[7]

4.2.1 试验方案

砒砂岩等应变直剪试验研究的内容包括四方面：①含水量对砒砂岩抗剪强度的影响研究；②含水量对砒砂岩内摩擦角和黏聚力的影响研究；③砒砂岩取样角度对砒砂岩抗剪强度的影响研究；④砒砂岩取样角度对其内摩擦角和黏聚力的影响。

含水量对砒砂岩抗剪强度的影响试验，主要研究砒砂岩在不同含水量下所具有的抗剪强度以及变化规律，试验设置5组含水量，分别为4%、8%、12%、16%、20%，每个含水量试验组分别在4个不同垂直荷载（25 kPa、50 kPa、100 kPa、200 kPa）下完成直剪试验，通过直剪试验建立同一含水量、不同荷载下抗剪强度的关系曲线，通过试验曲线求得该含水量下砒砂岩的内摩擦角和黏聚力，每组设置3个平行试验。

由于砒砂岩在形成过程中所固有的沉积过程，使得其具有各向异性的特点，所以，选取不同取样角度的砒砂岩进行抗剪强度规律研究，取样角度分别取0°、30°、60°、90°。

4.2.2 试样制备

1. 试料的准备

等应变直接剪切试验在野外进行，在野外试验场所选取背阴面未被扰动的坡面，用土撬铲除砒砂岩表面覆盖的黄土层，将砒砂岩挖深至40～50 cm处，制取原状土试样。原状土试样采用尺寸为ϕ61.8×20 mm的环刀制取，制取时先称量环刀质量，然后在环刀内壁涂一薄层凡士林，刃口向下放在试件制取的土样上，将环刀柄垫在环刀上，把环刀垂直压入砒砂岩内，用切土刀沿环刀外侧切削土样，边压边削至环刀高度，用切土刀将试样沿环刀平面方向取出。对于不同角度的试样的制取，人工开挖不同坡度取样面，用地质罗盘仪确定取样面角度为0°、30°、60°、

90°，按照上述方法制取。取样角度γ为环刀轴向与地面竖直方向的夹角，图4-6所示的取样角度γ为60°，γ分别取0°、30°、60°、90°。

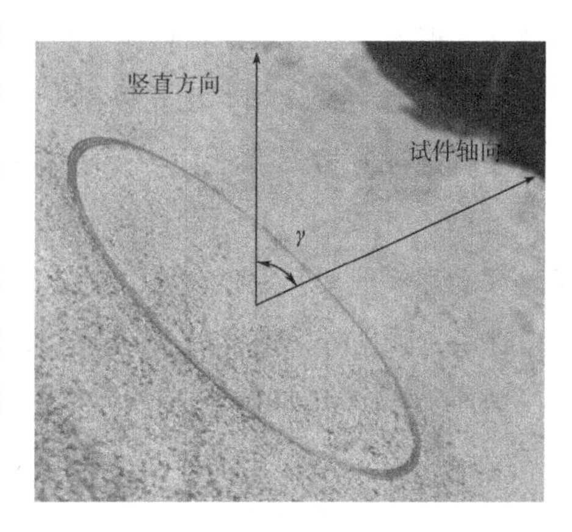

图4-6　取样角度γ为60°

取出后观察所取试料，去除结构不完整、含有杂质的试料，用刮刀将结构完全符合试验要求的试件两端刮平，擦净环刀外壁，称量环刀和土的总质量。

2. 试件的制备

根据之前测定好的该试验地点的砒砂岩含水量，按照试验方案采用晾晒和喷雾器喷水的方法[43,44]，人为模拟雨水入渗改变其含水量，分别为4%、8%、12%、16%、20%，控制晾晒蒸发和喷雾器喷水的质量，为了保证试件含水量的均一和稳定，采用塑料袋密封包裹静置24 h的方法保存，静置后进行试验。

试件晾晒蒸发或加水的质量按下式计算得出。

$$m_w = (1-\omega)(m_1-m_2)(1-\omega_{\%}) \tag{4-4}$$

式中　m_w——蒸发或加水质量，g。当 $m_w>0$ 时，表示试样需加水；当 $m_w<0$ 时，表示试样需晾晒蒸发水；

ω——砒砂岩原始含水量，%；

m_1——原状土和环刀总质量，g；

m_2——环刀质量，g；

$\omega_{\%}$——试验设定含水量，%。

4.2.3　试验方法

准备试验所用试样，将直剪仪的剪切上盒和下盒对准，插入固定销钉，在剪切下盒内依次放入滤纸和透水板，将密封包裹静置24 h后的试验试件取出并且环刀刃口向上，对准剪切盒放置，在试样上依次放滤纸和透水板，用垫块将试件小心缓慢地推入剪切盒内；转动传动手柄，使上盒前端刚好与测力计接触，然后放置加压框架，安装水平位移测量装置，并调节测量装置至零位；施加垂直荷载为 25 kPa，拔去固定销，手轮以 6 r/min 的速率转动使试样在 0.8 mm/min 的剪切速度下进行剪切，手轮每转一圈结束时记录该时刻的测力计读数 R，试样在 3～5 min 剪坏或测力计量表读数下降至稳定值；剪切结束，退去剪切力和垂直荷载，移动加载框架，取出试件，测定试件含水量。改变垂直荷载分别为 50 kPa、100 kPa、200 kPa，重复以上试验过程。

剪应力按下式计算：

$$\tau = \frac{CR}{A_0} \times 10 \tag{4-5}$$

式中 τ ——试件所受的剪应力，kPa；

C ——量力环系数，N/0.01 mm；

R ——测力计量表读数，0.01 mm；

A_0 ——试件受剪面面积，cm^2；

10——单位换算系数。

剪切位移按下式计算：

$$\Delta l = \Delta l' n' - R \tag{4-6}$$

式中 Δl ——剪切位移，0.01 mm；

$\Delta l'$ ——手轮转一圈的位移量，0.01 mm；

n' ——手轮转动的圈数。

4.2.4 试验结果分析

1. 含水量对砒砂岩抗剪强度的影响研究

图 4-7 是取样角度为 0°，5 组含水量分别为 4.7%、8.6%、12.3%、16.38%、18.43%的砒砂岩剪应力—剪切位移曲线，由于试验场所是在野外，试验是关于原状土的试验，所以含水量误差较大，以上含水量为该组试件含水量的平均值。材料具有低应力时应变软化和高应力时应变硬化的应力—应变规律；原状土的应力应变关系曲线一般呈应变软化的特点[50]。由图 4-7 中曲线可知，在直剪刚开始时，随着剪切位移的增加，砒砂岩的剪应力呈线性趋势增长，剪应力增

加到最大值的 20%～30%后线性增长结束，之后增长趋势逐渐变缓，缓慢达到剪应力最大值，最大值出现后，曲线进入软化阶段。最后剪切位移继续增大，剪应力保持一定值，其中剪应力最大值为抗剪强度，达到最大值之后保持一定剪应力值为残余强度。

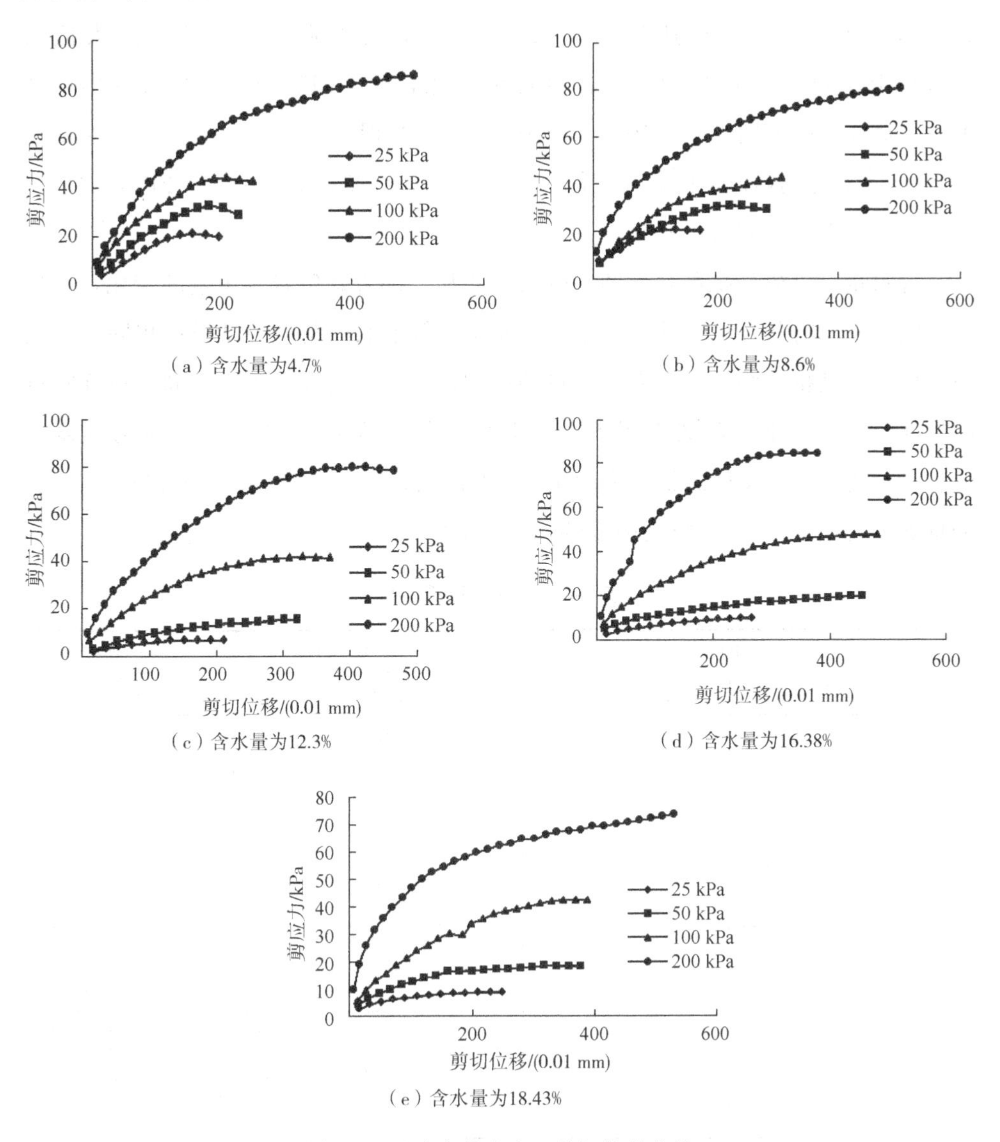

图 4-7　砒砂岩剪应力—剪切位移曲线

直剪试验的抗剪强度与垂直荷载有关，垂直荷载越大，抗剪强度越大。在垂直荷载分别为25 kPa、50 kPa、100 kPa、200 kPa下进行直剪试验，25 kPa的抗剪强度最小，随着垂直荷载的增加，抗剪强度也成倍地增加，200 kPa的抗剪强度最大。以含水量为4.7%的砒砂岩抗剪强度为例，如图4-7（a）所示，垂直荷载为25 kPa，剪切位移达到0.8 mm左右时，抗剪强度基本达到最大值为21.93 kPa，在之后的1～1.5 mm强度值变化较小，即残余应力接近其抗剪强度。当垂直荷载分别为50 kPa、100 kPa、200 kPa时，试样在0.8 mm、1.2 mm、2.0 mm左右达到峰值，抗剪强度依次为34.28 kPa、52 kPa、92.17 kPa，之后剪应力变化缓慢，呈现应力软化特点。

含水量对砒砂岩抗剪强度的影响较为明显，随着砒砂岩含水量的变化，其抗剪强度也发生有规律的变化。由表4-6可知，每个取样角度的试样在相同垂直荷载作用下，其抗剪强度都随着含水量的增加而减小；统计分析对于同一取样角度的试样，在不同垂直荷载作用下，50 kPa的抗剪强度是25 kPa的抗剪强度的1.3～2.3倍；100 kPa的抗剪强度是25 kPa的抗剪强度的2.3～5.6倍；200 kPa的抗剪强度是25 kPa的抗剪强度的4.1～9.9倍。

表4-6 砒砂岩抗剪强度

载荷		25 kPa		50 kPa		100 kPa		200 kPa	
		抗剪强度	含水量	抗剪强度	含水量	抗剪强度	含水量	抗剪强度	含水量
取样角度	0°	21.93	4.97	34.28	4.77	51.00	7.34	84.62	4.00
		20.67	8.33	30.83	7.73	47.62	10.20	85.44	7.43
		17.79	9.25	22.30	14.88	45.92	11.34	80.77	8.64
		11.23	12.95	15.58	16.21	44.06	12.23	79.87	11.65
		9.68	17.20	18.48	17.45	42.48	17.80	77.24	11.65
		7.22	18.27			40.26	19.93	71.72	16.33
		8.86	18.43					70.80	17.78
	30°	20.04	4.00	28.86	3.44	57.78	6.81	118.24	4.22
		18.45	7.14	25.09	7.32	52.40	8.59	113.24	7.31
		17.86	11.33	25.01	9.55	51.66	8.83	112.80	9.55
		16.81	12.17	24.50	10.27	45.428	12.12	102.34	12.86

续表

载荷		25 kPa		50 kPa		100 kPa		200 kPa	
		抗剪强度	含水量	抗剪强度	含水量	抗剪强度	含水量	抗剪强度	含水量
取样角度	30°	15.99	13.50	22.22	14.55	43.214	12.87	101.19	14.98
		13.48	15.00	20.50	15.52	42.20	15.60		
		9.18	21.27			41.20	17.18		
	60°	22.68	5.58	36.08	5.54	67.75	4.68	121.36	6.24
		19.27	5.90	34.60	6.04	66.01	5.91	119.56	8.45
		18.02	7.27	30.67	8.15	63.27	7.46	116.28	9.24
		14.10	11.72	25.42	11.66	56.17	13.58	110.58	10.27
		13.17	13.79	23.96	13.51	54.53	14.05	101.60	12.02
		10.17	14.49	20.83	15.27	49.53	14.62	99.63	12.76
		9.81	15.11					89.22	15.31
		8.30	17.26						
	90°	27.85	2.93	62.73	4.63	90.61	4.09	126.12	3.40
		24.86	3.55	49.52	8.50	90.28	4.70	116.52	4.98
		21.48	7.70	38.70	11.70	74.86	8.45	120.13	7.70
		18.88	12.27	33.70	11.94	65.85	11.48	108.40	11.13
		18.45	14.58	29.68	12.47	49.53	13.22	107.01	12.06
		15.99	16.87	26.90	13.26	60.02	13.28	101.18	13.61
				26.50	16.15	60.02	13.87	96.84	15.82
						47.97	14.71	96.60	16.17

含水量对不同取样角度砒砂岩抗剪强度的影响如图 4-8 所示。由图 4-8 可知，垂直荷载的增加会显著影响抗剪强度，垂直荷载越大，其抗剪强度越大；试样在相同的取样角度和垂直压力下，砒砂岩的抗剪强度随含水量的增大而减小，并呈现出线性减小的趋势。砒砂岩在垂直荷载为 25 kPa、含水量较低时对应的抗剪强度约为 20 kPa，随着含水量增大，抗剪强度逐渐减小，含水量接近饱和量（18.6%～19.5%）时，抗剪强度逐渐接近零，但还存在一定的强度；垂直荷载为 50 kPa、含水量较低时对应的抗剪强度为 30 ～40 kPa，取样角度为 90°的超过 60 kPa；含水量接近饱和时，抗剪强度保持在 20 kPa 左右；垂直荷载为

100 kPa、含水量较低时对应的抗剪强度为 50～70 kPa，含水量接近饱和时抗剪强度为 40～50 kPa；垂直荷载为 200 kPa、含水量较低时对应的抗剪强度为 100 kPa左右，含水量接近饱和时，抗剪强度为 70～90 kPa；通过拟合线性可知，砒砂岩在低荷载作用下直线斜率的绝对值较大，荷载较大时斜率的绝对值较小，这表明低荷载作用下抗剪强度随含水量的增大减小得更快，高荷载作用下相对较慢。

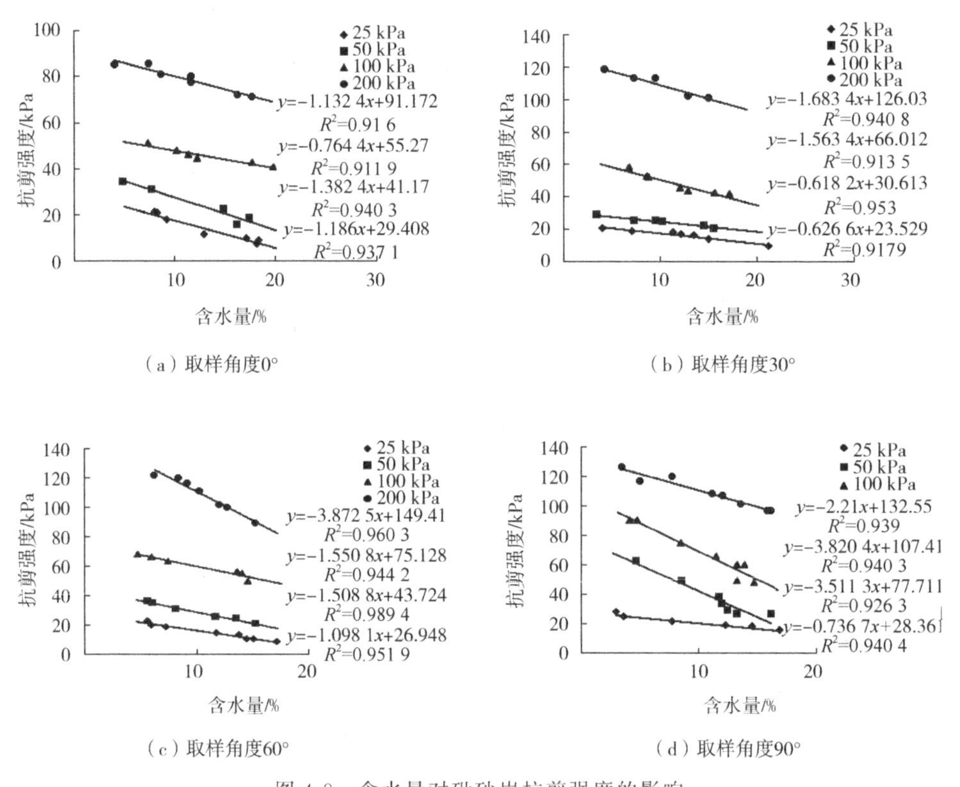

图 4-8 含水量对砒砂岩抗剪强度的影响

为了评价含水量对砒砂岩抗剪强度变化量的影响，引入一个无量纲的参数 A，定义为含水量变化前后抗剪强度的减小量 $\Delta\tau_f$ 和较小含水量的抗剪强度 τ_{f0} 之比的百分数，即

$$A=\frac{\Delta\tau_f}{\tau_{f0}}\times 100\% \tag{4-7}$$

图 4-9 所示为砒砂岩试件在不同垂直荷载作用下，其抗剪强度损失率与含水量的变化关系。从图 4-9 中可以看出，随着含水量的变大，垂直荷载为25 kPa时的抗剪强度损失最为剧烈，之后垂直荷载 50 kPa、100 kPa、200 kPa，依次减小。垂直荷载200 kPa时的抗剪强度损失相对最小；垂直荷载为 25 kPa 时的抗剪强度损失约为 57.48%，垂直荷载为50 kPa、100 kPa、200 kPa时抗剪强度损失分别为 46.08%、21.06%、16.34%。由此可知，在低垂直荷载作用下，含水量对抗剪强度的影响剧烈，含水量达到饱和时强度损失一半以上，随着垂直荷载的不断增加，含水量对抗剪强度的影响逐渐减小，但影响仍然很显著。

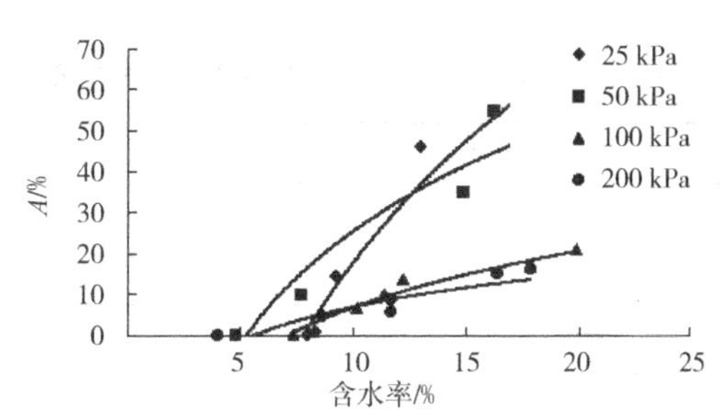

图 4-9　抗剪强度损失率

2. 含水量对砒砂岩内摩擦角和黏聚力的影响研究

研究影响抗剪强度指标的因素，首先应分析土的抗剪强度来源。按无黏性土与黏性土分为两类。

(1) 无黏性土。无黏性土抗剪强度的来源，传统的观念为内摩擦力，内摩擦力由作用在剪切面的法向应力 σ 与土体的内摩擦系数 $\tan\varphi$ 组成，内摩擦力的数值为这两项的乘积 $\sigma\cdot\tan\varphi$。在密实状态的粗粒土中，除滑动摩擦外，还存在咬合摩擦。

(2) 黏性土。黏性土抗剪强度包括内摩擦力和黏聚力两部分。

由于砒砂岩不属于纯净的未胶结的砂，其内部还存在一定的黏聚力。所以，对于砒砂岩抗剪强度指标的研究着重于两方面，即内摩擦角和黏聚力。

根据试验得到不同含水量的砒砂岩抗剪强度值，分析发现其强度是随着含水量的增大按线性规律逐渐减小的，于是可以得出每个取样角度砒砂岩强度随含水量减小的线性方程，见表 4-7。

通过以上方程可以精确地计算出砒砂岩含水量分别为 4%、8%、12%、16%、20%时的抗剪强度值，计算结果见表 4-8。

表 4-7 砒砂岩抗剪强度线性方程

取样角度	垂直荷载/kPa	线性方程
0°	25	$y_1=-1.19x+29.41$
	50	$y_2=-1.38x+41.17$
	100	$y_3=-0.76x+55.27$
	200	$y_4=-1.13x+91.17$
30°	25	$y_5=-0.63x+23.52$
	50	$y_6=-0.62x+30.61$
	100	$y_7=-1.56x+66.01$
	200	$y_8=-1.68x+126.03$
60°	25	$y_9=-1.1x+26.95$
	50	$y_{10}=-1.51x+43.72$
	100	$y_{11}=-1.55x+75.13$
	200	$y_{12}=-3.87x+149.41$
90°	25	$y_{13}=-0.74x+28.36$
	50	$y_{14}=-3.51x+77.71$
	100	$y_{15}=-3.82x+107.41$
	200	$y_{16}=-2.21x+132.55$

表 4-8 砒砂岩抗剪强度 单位：kPa

取样角度	垂直荷载	含水量				
		4%	8%	12%	16%	20%
0°	25	24.66	19.92	15.18	10.43	5.69
	50	35.64	30.11	24.58	19.05	13.52
	100	52.21	49.15	46.10	43.04	39.98
	200	86.64	82.11	77.58	73.05	68.52
30°	25	21.02	18.52	16.01	13.50	11.00
	50	28.14	25.67	23.19	20.72	18.25
	100	59.76	53.50	47.25	41.00	34.74
	200	119.30	112.56	105.83	99.10	92.36

续表

取样角度	垂直荷载	含水量				
		4%	8%	12%	16%	20%
60°	25	22.56	18.16	13.77	9.38	4.99
	50	37.69	31.65	25.62	19.58	13.55
	100	68.92	62.72	56.52	50.32	44.11
	200	133.92	118.43	102.94	87.45	71.96
90°	25	24.63	22.00	19.37	16.74	14.11
	50	63.67	49.62	35.58	21.53	7.49
	100	92.13	76.85	61.57	46.28	31.00
	200	123.71	114.87	106.03	97.19	88.35

通过表 4-8 所示的砒砂岩的抗剪强度值，建立以垂直荷载 25 kPa、50 kPa、100 kPa、200 kPa 为横坐标，在同一取样角度下，相同含水量的砒砂岩在垂直荷载为 25 kPa、50 kPa、100 kPa、200 kPa 作用下的抗剪强度值为纵坐标的图形，根据 Mohr-Coulomb 理论，通过直线拟合公式 $\tau_f = c + \sigma \cdot \tan\varphi$ 获得相应的内摩擦角和黏聚力参数。图 4-10 所示为 4 个取样角度的砒砂岩在不同含水量情况下的剪切强度曲线；通过图 4-10 所示的剪切强度曲线拟合获得的砒砂岩内摩擦角和黏聚力值列于表 4-9。

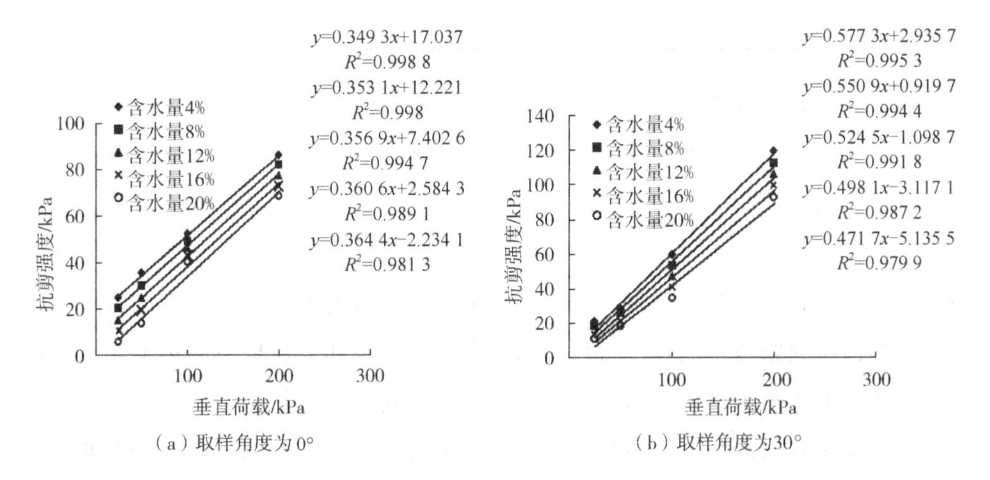

（a）取样角度为0°　（b）取样角度为30°

图 4-10　不同取样角度的砒砂岩剪切强度曲线

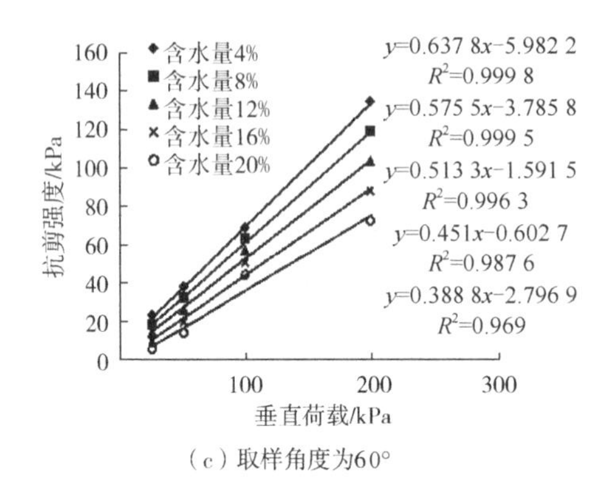

（c）取样角度为60°

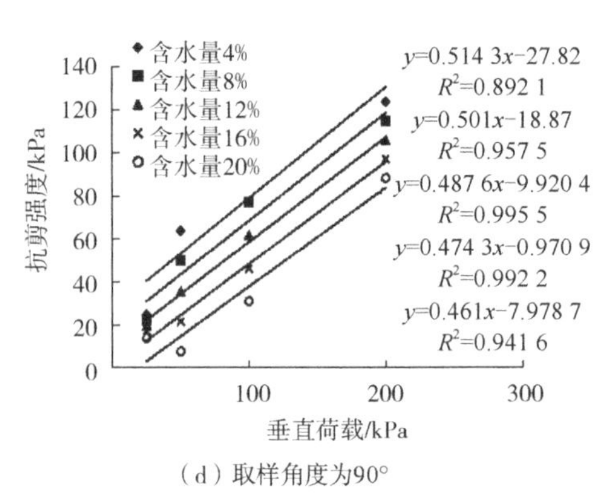

（d）取样角度为90°

图 4-10 （续）

表 4-9 曲线拟合获得的砒砂岩内摩擦角和黏聚力

取样角度	含水量%	4%	8%	12%	16%	20%
0°	内摩擦角/(°)	19.25	19.45	19.64	19.83	20.02
	黏聚力/kPa	17.04	12.22	7.40	2.58	0
30°	内摩擦角/(°)	30.00	28.85	26.78	26.48	25.25
	黏聚力/kPa	2.94	0.92	0	0	0
60°	内摩擦角/(°)	32.53	29.90	27.17	24.28	21.25
	黏聚力/kPa	5.98	3.86	1.59	0	0
90°	内摩擦角/(°)	27.22	26.60	26.00	25.37	24.75
	黏聚力/kPa	27.82	18.80	9.92	0.91	0

沙土在剪切过程中粒间表面力很小，其力学性能总是由有效应力控制，若不考虑咬合力影响，砂的水分会对颗粒表面滑动摩擦有影响，并出现微量的假黏聚力，然而有无水存在对砂的内摩擦角只有轻微的影响。早年的研究一般认为，影响砂内摩擦角的因素主要有以下 4 方面：压实状态或相对密度；颗粒的粗细程度或平均粒径；颗粒形状（圆度）和粒面粗糙程度；级配[45]。

缪林昌研究膨胀土的强度特性得出了含水量的增加对黏聚力的影响比对内摩擦角的影响要大得多[52]的结论。由表 4-9 的数据可知，取样角度为 0°时，随着含水量的增加砒砂岩的内摩擦角从 19.25°变化到 20.02°，呈现微弱的上升趋势；取样角度为 30°时，随着含水量的增加砒砂岩的内摩擦角从 30°变化到 25.25°，内摩

擦角减小 4.75°；取样角度为 60°时，随着含水量的增加砒砂岩的内摩擦角从 32.53°变化到 21.25°，内摩擦角减小 11.28°；取样角度为 90°时，随着含水量的增加砒砂岩的内摩擦角从 27.22°变化到 24.75°，内摩擦角减小 2.47°。由图 4-11 关于砒砂岩内摩擦角随含水量变化曲线可以看出，随着含水量的增加，砒砂岩的内摩擦角微弱降低，但含水量的变化对砒砂岩的内摩擦角影响是微弱的。

类似于砒砂岩这类沙土，物质组成中的黏粒部分含量相对较少，所以其黏聚力指标较一般黏性土的要低，而且受含水量影响变化剧烈。由表 4-9 可知，砒砂岩的黏聚力值较低。取样角度为 0°时，随着含水量从 4%增加到 7.12%，黏聚力从 17.04 kPa 减小到了 7.4 kPa，黏聚力值损失了一半以上，当含水量接近饱和时，黏聚力接近零；取样角度为 30°时，黏聚力值较小，含水量为 4%时的黏聚力仅为 2.94 kPa，含水量达到 12%时，黏聚力接近于零；取样角度为 60°时，黏聚力也仅为 5.98 kPa，含水量达到 16%时，黏聚力接近于零；取样角度为 90°时，黏聚力值为 27.82 kPa，含水量从 4%增加到 10%左右时，黏聚力值减小 50%，含水量接近饱和时黏聚力值降为零。

图 4-12 给出了砒砂岩黏聚力随含水量增加的变化曲线，可以看出砒砂岩的含水量较小时，具有一定的黏聚力，并且不同取样角度的黏聚力值相差较大。随着含水量的增大，黏聚力前期减小得较快，后期减小程度减缓，黏聚力值随含水量的增大总体呈对数形式急剧地减小。当含水量接近饱和时，所有取样角度的砒砂岩黏聚力接近于零，这说明此时的抗剪强度值很小，并且其强度主要由内摩擦角提供，黏聚力对抗剪强度起不到作用。

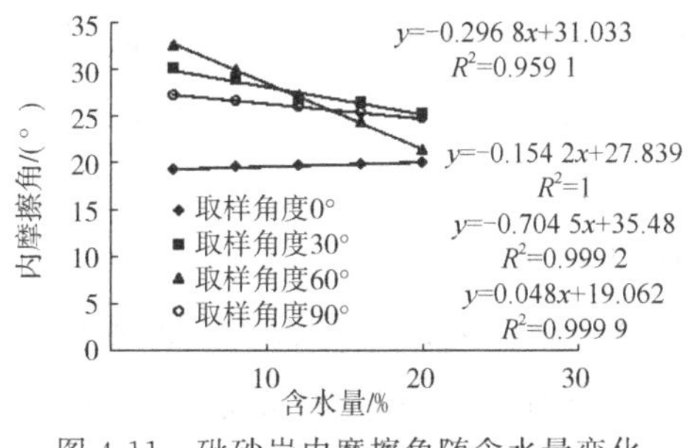

图 4-11　砒砂岩内摩擦角随含水量变化

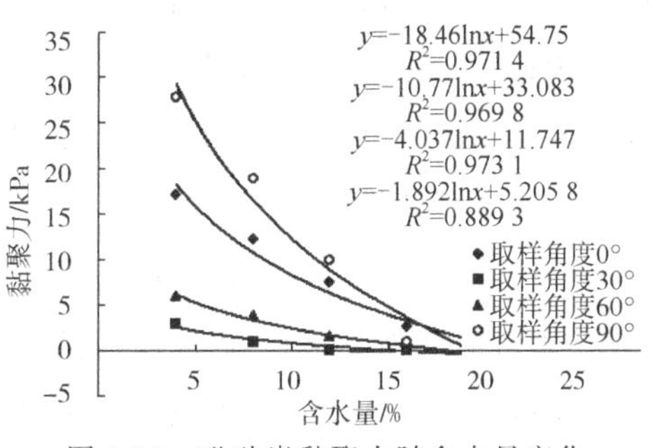

图 4-12　砒砂岩黏聚力随含水量变化

3. 砒砂岩取样角度对砒砂岩抗剪强度的影响

颗粒材料的各向异性可分为两类，即原有的各向异性和应力诱导的各向异性。原有各向异性的成因，在于天然的沉积砂和试验室试样都是在重力的作用下形成的。因为颗粒沉积时，颗粒的长轴总与沉积时的水平面相平行。原状土砒砂岩试验试样原有的各向异性结构直接影响到其变形和强度。同时试验时伴随着压力的施加，必然能导致应力诱导的各向异性[52]。以上理论反映了各向异性土体收到不同方向施加的力时，表现出差别很大的强度峰值。

砒砂岩是发育于古生代，由砂岩、页岩和泥质砂岩等经过长时间的沉积作用而形成的沉积岩石互层。依据颗粒材料各项异性的理论，砒砂岩在形成过程中积累了天然的各项异性的性质，所以，砒砂岩在受到不同角度力的作用时，表现出不同的强度特性。

从野外实验场所制取砒沙岩原状土试件进行直剪试验，当垂直荷载分别为25 kPa、50 kPa、100 kPa、200 kPa时，各取样角度的剪应力—剪切位移变化曲线如图4-13所示。垂直荷载为25 kPa时，取样角度为90°的前期和后期强度都高于其他角度，抗剪强度值最大约为21 kPa，30°的抗剪强度值接近18 kPa，略高于60°，0°的抗剪强度最低约为13 kPa；垂直荷载为50 kPa时，各角度的前期强度接近，后期90°的强度逐渐增大并高于其他角度，30°与60°的强度较接近，0°的强度略低；垂直荷载为100 kPa时，60°与90°的前期强度较高，剪切位移达到1.2 mm时60°的抗剪强度强度达到最高，约为60 kPa，之后90°的抗剪强度强度继续增加，达到65 kPa，30°的强度约为50 kPa，0°的强度最低，约为40 kPa；垂直荷载为200 kPa时，各角度的前期强度相差不大，90°的抗剪强度最高，为120 kPa；60°与30°的强度值较接近，约为115 kPa；0°的强度只有64 kPa；各个垂直荷载中，90°的抗剪强度值大于其他角度的值，30°与60°的抗剪强度接近，0°的抗剪强度值最低。

砒砂岩抗剪强度与取样角度关系曲线如图4-14所示。图4-14（a）含水量为4%，垂直荷载为25 kPa随着取样角度的增大，砒砂岩的抗剪强度的变化不大，基本保持在20 kPa；垂直荷载为50 kPa、100 kPa、200 kPa的抗剪强度表现为0°的最小，垂直荷载为200 kPa时，30°、60°、90°的抗剪强度约为0°的抗剪强度

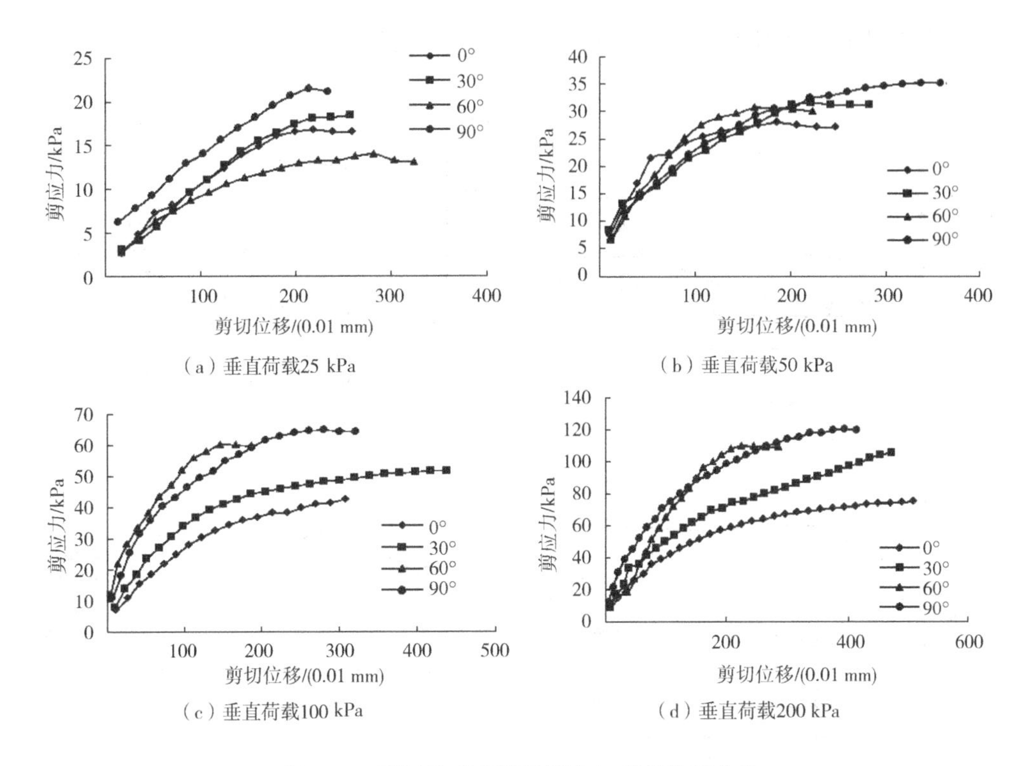

（a）垂直荷载25 kPa

（b）垂直荷载50 kPa

（c）垂直荷载100 kPa

（d）垂直荷载200 kPa

图 4-13　不同垂直载荷下剪应力-剪切位移曲线

的 1.5 倍；图 4-14（b）含水量为 8%，垂直荷载为 25 kPa 时抗剪强度与取样角度的变化关系不大，基本保持在 20 kPa；随着垂直荷载的增加，取样角度大于 30°的抗剪强度逐渐增大；垂直荷载为 200 kPa 时，30°、60°、90°的抗剪强度约为 0°的抗剪强度的 1.4 倍；图 4-14（c）含水量为 12%，垂直荷载为 25 kPa、50 kPa、100 kPa 时抗剪强度与取样角度的变化关系不大，分别保持在 15 kPa、24 kPa、30 kPa 左右；随着垂直荷载增加到 200 kPa，30°、60°、90°的抗剪强度增加明显，约为 0°的抗剪强度的 1.4 倍；图 4-14（d）含水量为 16%，垂直荷载为 25 kPa、50 kPa、100 kPa 时抗剪强度与取样角度的变化关系不大，分别保持在 15 kPa、20 kPa、40 kPa 左右；随着垂直荷载增加到 200 kPa，30°、60°、90°的抗剪强度增加明显，约为 0°的抗剪强度的 1.3 倍；图 4-14（e）含水量为 20%，垂直荷载为 25 kPa、50 kPa、100 kPa时抗剪强度与取样角度的变化关系不大，分别保持在 5 kPa、10 kPa、35 kPa左右；随着垂直荷载增加到 200 kPa，30°、

90°的抗剪强度增加明显，约为0°和60°的抗剪强度的1.3倍。

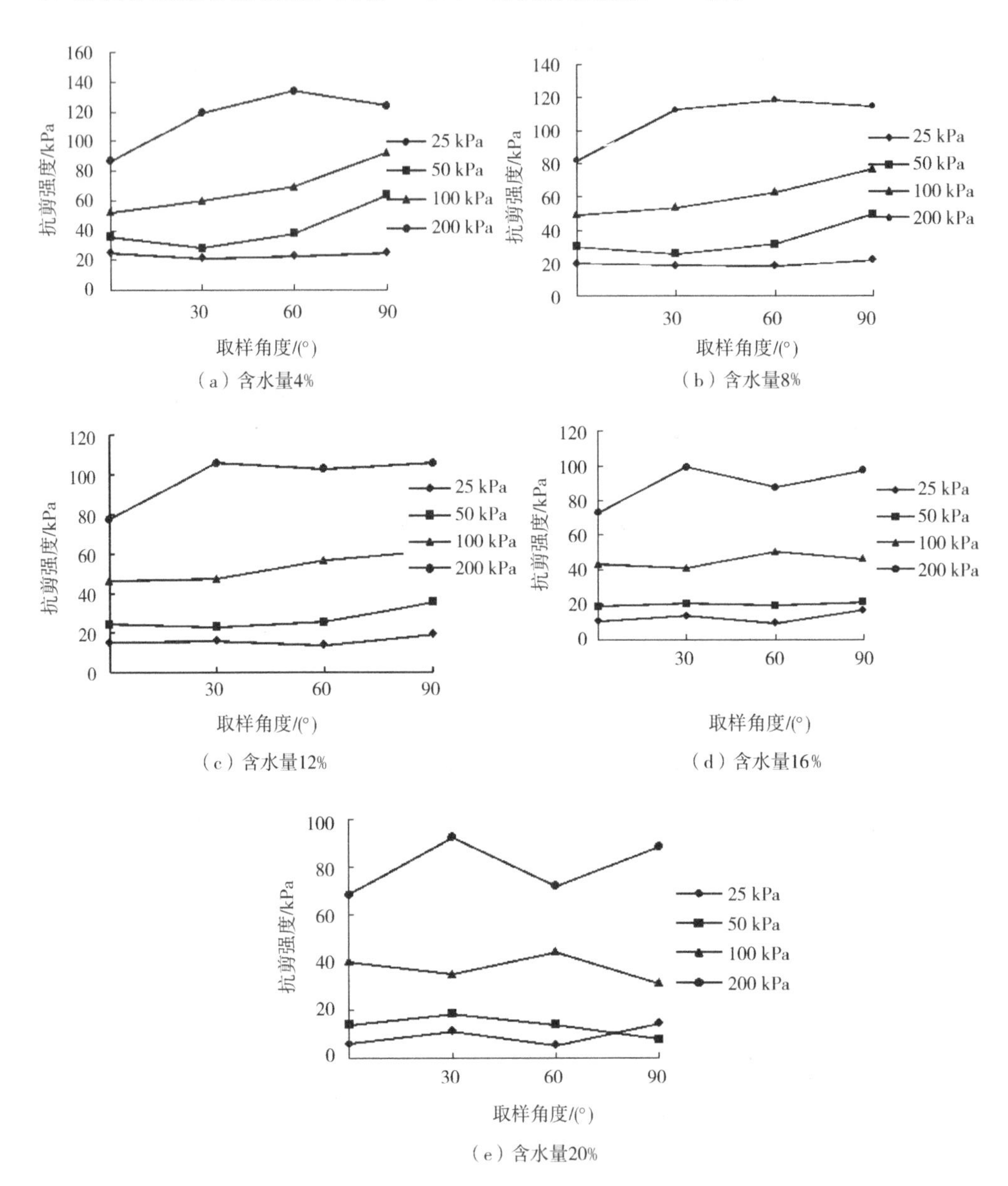

图4-14 础砂岩抗剪强度与取样角度关系曲线

通过分析可以得出以下结论：

(1) 砒砂岩在比较低的垂直荷载作用下，取样角度对其强度的影响较小。

(2) 垂直荷载增大，取样角度为0°的抗剪强度一般较小，30°、60°、90°的抗剪强度值较大。

(3) 砒砂岩在相同荷载和相同含水量作用下，其抗剪强度随取样角度的增大有增大的趋势。

而存在上述规律的原因在于砒砂岩的各向异性性质，在低荷载作用下原状土的原始各向异性性质发挥作用，表现出微弱的强度差异；当荷载增大时，砒砂岩在较大的压力作用下，颗粒在沉积过程中长轴总与沉积时的水平面——层面相平行的程度加强，各向异性性质逐渐由原始异性转向为诱导型的各向异性性质，导致不同角度之间有差异的抗剪强度值，一般表现为0°的抗剪强度小，随着取样角度的增加，强度也逐渐增加。

4. 砒砂岩取样角度对其内摩擦角和黏聚力的影响

砒砂岩抗剪强度与垂直荷载关系如图4-15所示。图4-15 (a) 含水量为4%，25 kPa垂直荷载作用下时，90°的抗剪强度高于其他角度的抗剪强度，0°、30°、60°的强度值比较集中且相近；垂直荷载超过100 kPa时，90°的抗剪强度仍然最高，30°与60°的抗剪强度值相差不大，0°的强度最小；垂直荷载200 kPa时，90°、60°、30°的抗剪强度值接近，并且远大于0°的抗剪强度。图4-15 (b) 含水量为8%，垂直荷载低于50 kPa时90°的抗剪强度高于其他角度，0°、30°、60°的抗剪强度值接近；垂直荷载超过50 kPa后，30°与60°的抗剪强度值逐渐增加到与90°的抗剪强度相当，0°的抗剪强度最小。图4-15 (c) 含水量为12%，垂直荷载低于100 kPa时，各取样角度的砒砂岩抗剪强度值接近，其中90°的抗剪强度略大于其他角度；随着荷载的增大，30°、60°、90°的抗剪强度值继续增大且相差不大，0°的抗剪强度值较小。图4-15 (d) 含水量为16%，在各垂直荷载作用下30°、60°、90°的抗剪强度值接近，其中垂直荷载低于50 kPa时，0°的抗剪强度与其他角度的值相近；垂直荷载超过50 kPa后，0°的抗剪强度增加缓慢，低于其他角度的抗剪强度。图4-15 (e) 含水量为20%，垂直荷载低于100 kPa时各角度的抗剪强度值都比较接近。随着荷载的增加，各取样角度的抗剪强度值有所差别，但相差不大。

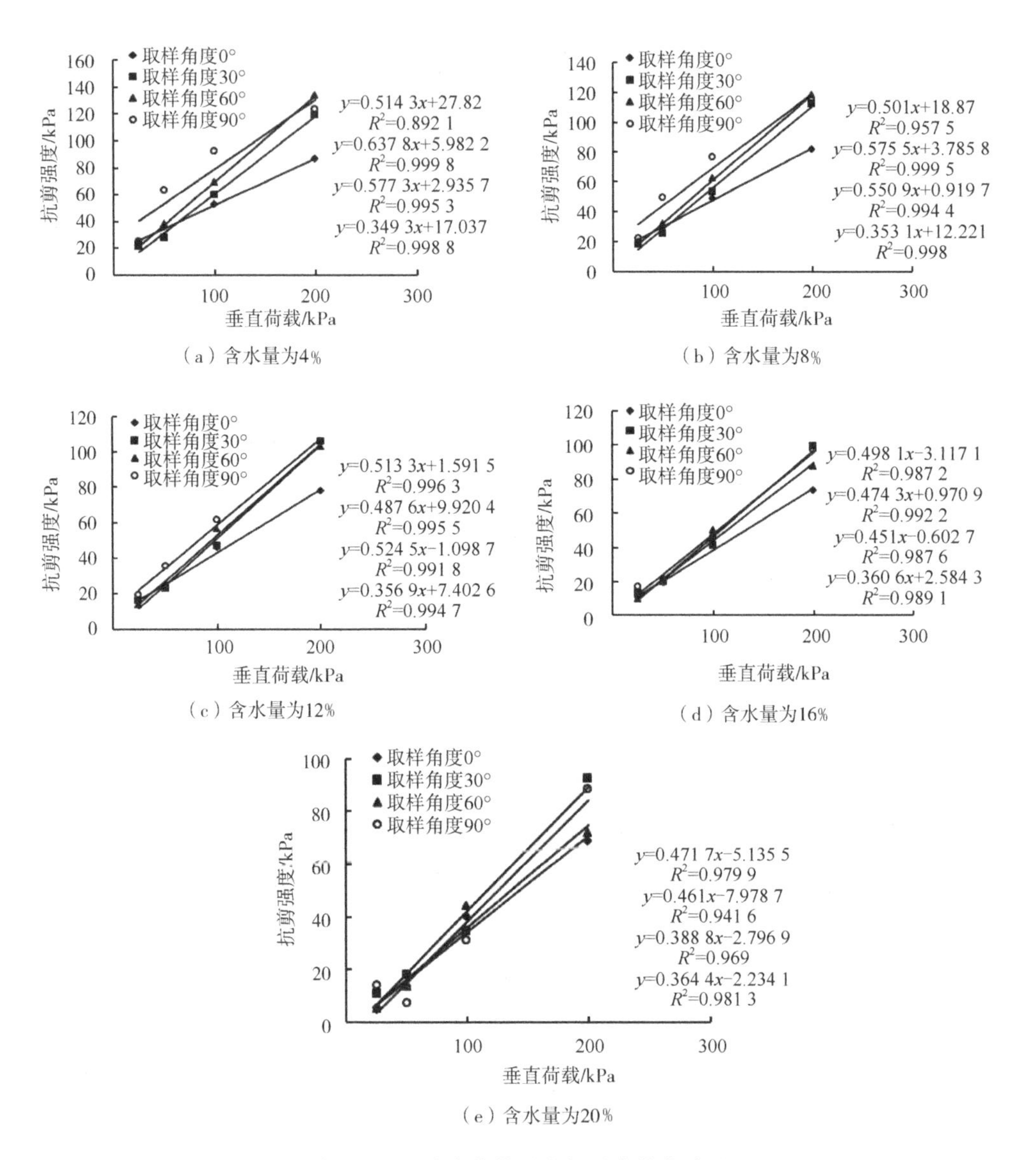

图 4-15 砒砂岩抗剪强度与垂直荷载关系

根据砒砂岩抗剪强度与垂直荷载的关系，利用 Mohr-Coulomb 理论：$\tau_f = c + \sigma \cdot \tan\varphi$，可以得到不同取样角度影响的内摩擦角和黏聚力参数见表 4-10。砒砂岩含水量相同时，内摩擦角值与取样角度有关，取样角度为 30°和 60°的内摩擦角值较高，90°的内摩擦角介于中间，0°的内摩擦角较小；含水量的变化对内摩擦角的影响微弱，不同含水量的内摩擦角值相差不大；含水量相同时，取样角度对砒砂岩的黏聚力影响明显，取样角度为0°的黏聚力值稍大于30°和60°的黏聚力值，取样角度为90°的黏聚力值最大；随着含水量的增加，黏聚力值急剧减小，当含水量接近饱和时，黏聚力值几乎为零。

表4-10 不同取样角度影响的内摩擦角和黏聚力

项目	含水量	取样角度			
		0°	30°	60°	90°
内摩擦角	4%	19.25	30.00	32.53	27.22
	8%	19.45	28.85	29.92	26.61
	12%	19.64	27.68	27.17	25.99
	16%	19.83	26.48	24.28	25.37
	20%	20.02	25.25	21.25	24.75
黏聚力	4%	17.04	2.94	5.98	27.82
	8%	12.22	0.92	3.79	18.87
	12%	7.40	0	1.59	9.92
	16%	2.58	0	0	0.97
	20%	0	0	0	0

砒砂岩不同取样角度对其抗剪强度指标的影响比较突出，主要表现为砒砂岩内摩擦角和黏聚力值变化剧烈。砒砂岩内摩擦角随取样角度变化如图4-16所示，取样角度为0°时，含水量为4%、8%、12%、16%、20%的内摩擦角基本相同；随着取样角度增大到30°～60°，内摩擦角逐渐增大，约为0°时的1.5倍；取样角度超过60°时，内摩擦角有减小的趋势，但仍然高于0°时的内摩擦角。

砒砂岩黏聚力随取样角度变化如图4-17所示，取样角度为0°的黏聚力值随含水量的增大从高到低依次排列；取样角度增加到30°时的黏聚力值降到最低，取样角度继续增加到60°，黏聚力值缓慢上升，取样角度增加到90°的黏聚力值急剧增加成为最大值；曲线整体呈下凹的趋势，同时含水量越低这种下凹的趋势越明显；随着含水量的增加，取样角度的变化对黏聚力的影响减弱，下凹趋势不明显，含水量接近饱和时曲线变为直线，取值为零。

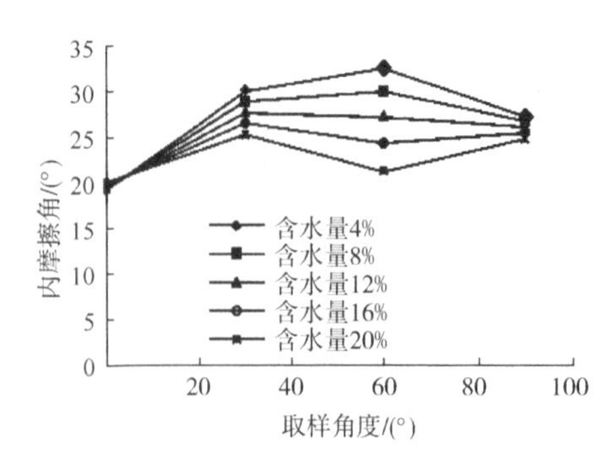

图 4-16 砒砂岩内摩擦角随取样角度变化

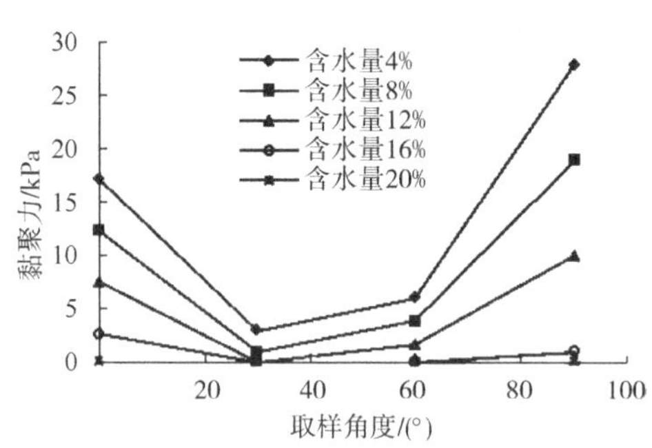

图 4-17 砒砂岩黏聚力随取样角度变化

5. 砒砂岩抗剪强度的本构方程

通过大量关于砒砂岩的直剪试验，并对实验数据进行处理分析，得到了砒砂岩抗剪强度与含水量、取样角度的关系曲线，以及抗剪强度指标与含水量、取样角度的关系曲线。缪林昌、仲晓晨等[52]采用直接剪切试验，通过对宁夏膨胀土的研究得到 lg c 和 lg φ 与含水量 ω 的关系方程。王军、何淼等[37]发现随着含水量的增加，膨胀岩的黏聚力和内摩擦角都明显降低。对砒砂岩的黏聚力 c 与取样角度 θ、含水量 ω 进行数学分析，可以建立黏聚力、内摩擦角与含水量、取样角度的关系，即

$$\varphi = A\ln\omega + B \tag{4-8}$$

$$c = C\ln\omega + D \tag{4-9}$$

进一步进行统计分析得出：

$A=0$

$B=-48.65\cos 2\theta+42.291\cos\theta+2.468$

$C=10.456\cos\theta-16.302$

$D=84.205\cos 2\theta-112.23\cos\theta+55.207$

式中 θ——取样角度。

由此可以建立砒砂岩内摩擦角 φ、黏聚力 c 关于含水量、取样角度的双因子预测模型：

$$\varphi = -48.65\cos 2\theta + 42.291\cos\theta + 2.468 \tag{4-10}$$

$$c = (10.456\cos\theta - 16.302)\ln\omega + 84.205\cos 2\theta - 112.23\cos\theta + 55.207 \tag{4-11}$$

用本预测模型对砒砂岩的黏聚力 c、内摩擦角 φ 进行预测，并与实际测量结果进行比较，预测值可靠。

综上可知：

（1）砒砂岩是密度较大、孔隙率较高、透水性较强、粒径分布相对集中且粒径较均匀的中粗砂，其抗剪强度与取样边坡角度、含水量的变化密切相关。90°方向砒砂岩抗剪切能力最强。

（2）含水量对砒砂岩的抗剪强度影响显著，尤其在垂直低荷载作用下含水量对抗剪强度的影响剧烈；黏聚力随含水量增加呈对数规律降低，降低幅度显著；内摩擦角随含水量增加呈线性下降，变化幅度平缓，表明黏聚力是砒砂岩抗剪强度的主要提供者。

第5章　础砂岩重塑土力学性能研究

近些年随着建筑业进程加快，该地区的公路、铁路、桥梁等土木工程发展迅猛，工程中大部分础砂岩以砂土的形式被开挖，开挖出的础砂岩土体再次用于基础、路基的回填，但回填后的础砂岩土体裸露在表面，这种堆积的础砂岩土体经过自然中干湿循环，固结沉积，在低含水量下极为坚硬，表现出极强的岩性特征。但水对其作用极其敏感，即使在含水量远小于塑限，其抗压强度也随含水量增加急剧降低。表明其颗粒间的黏结作用很弱，水分对其胶结物质的软化作用更强，又由于它渗透系数大，很容易吸水，即便没有达到饱和，也能使其抗压能力迅速降低或消失[7]。

础砂岩边坡外缘与自然环境密切接触，由于冻融、风化、干湿循环等，使得础砂岩体稳定平衡被破坏，在重力、风力等外荷载作用下，岩土体产生剥落及滑移，其运动滑移与础砂岩的力学性能密切相关。抗剪强度是表征土壤力学性质的一个主要指标，其大小直接反映了土壤在外力作用下发生破坏的难易程度。研究还表明边坡发生塌方时，滑动面上的平均剪应力比室内常规试验方法所得的抗剪强度小[38-39]。而发生这种现象的重要因素就是土体存在着残余强度，表明此时滑动面上抗剪强度已由峰值降到残余值。因此，峰值强度和残余强度都是工程稳定重要的控制指标。而岩土的强度特性与其密实度、颗粒级配、颗粒间接触压力、含水量等都有密切关系[40-41]。

5.1　反复剪切作用下础砂岩重塑土残余强度[42]

5.1.1　残余强度测定

试验采用的是 ELE International 公司生产的等应变数字直剪仪（Digital Direct/ResidualShear Apparatus），仪器主要由电子控速器、水平加载系统、垂直加载系统、剪切盒等组成。剪切盒的净空几何尺寸为 100 mm×100 mm×20 mm。下剪切盒与整体框架连接在一起，所以剪切缝不会由于试样的剪胀作用而发生改变，从而使试样的变形较传统的直剪仪更加均匀，最大剪切位移为 10 mm左右。

根据中国通用方案土壤粒级的划分，将础砂岩分为粗砂（≥0.5 mm）、中砂（≥0.25 mm）、细砂（<0.25 mm），烘干后采用喷雾法加蒸馏水，控制试样的干密度为 1.85 g/cm^3，然后制取含水量为 5%、8%、11%、14%的土样。将配置好的土样装入密封塑料袋搁置在恒温箱中静置 24 h 以上[43,44]，试验前复测配置土样的质量，确保试样的含水量误差在±0.1%。湿润土样和三种粒径土样如图 5-1所示。为后序文中叙述表达方便，以下文中的 3 个不同粒径≥0.5 mm、≥0.25 mm、<0.25 mm 分别用 P1、P2、P3 表示，含水量 5%、8%、11%、14%分别用 W、B、S、C 表示，如 P1W 表示试样粒径为≥0.5 mm，含水量为 5%，各符号含义见表 5-1。

（a）湿润好的土样

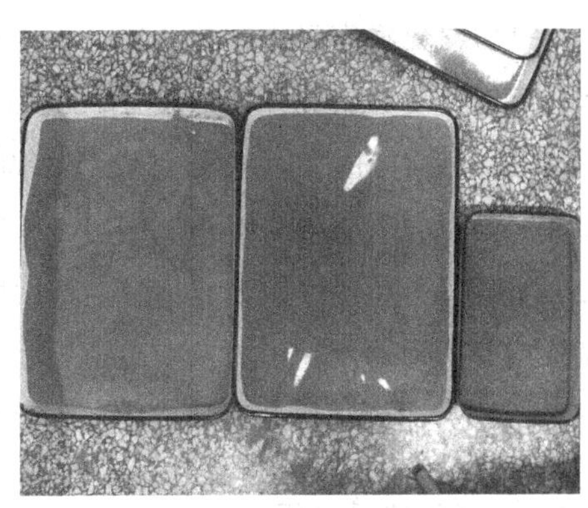

（b）三种粒径土样

图 5-1 湿润土样和三种粒径土样

表 5-1 文中各符号含义

符号	定义
P1W	粒径范围：1～0.5 mm，含水量：5%
P1B	粒径范围：1～0.5 mm，含水量：8%
P1S	粒径范围：1～0.5 mm，含水量：11%

续表

符　　号	定　　义
P1C	粒径范围：1～0.5 mm，含水量：14%
P2W	粒径范围：0.5～0.25 mm，含水量：5%
P2B	粒径范围：0.5～0.25 mm，含水量：8%
P2S	粒径范围：0.5～0.25 mm，含水量：11%
P2C	粒径范围：0.5～0.25 mm，含水量：14%
P3W	粒径范围：<0.25 mm，含水量：5%
P3B	粒径范围：<0.25 mm，含水量：8%
P3S	粒径范围：<0.25 mm，含水量：11%
P3C	粒径范围：<0.25 mm，含水量：14%
P1	粒径范围：1～0.5 mm
P2	粒径范围：0.5～0.25 mm
P3	粒径范围：<0.25 mm

试验时先将定量土样分3层装入方形环刀中击实，为了保证每层土样均匀一致，落锤高度保持在40 cm；土样击实高度达到要求后，用切土刀刨毛土样，然后逐层加土样击实。击实完成后，固结一定时间，固结标准为沉降量小于0.002 mm/min。然后用游标卡尺测定砒砂岩的体积，游标卡尺的精度为0.02 mm，当发现体积无变化时，将试样用压样器压入剪切盒中开始剪切。每个试样反复剪切4次，推剪速率设定为1 mm/min，每间隔10 s读取横向量力环及竖向位移表读数，记录横向位移及竖向位移，并且每组做1个平行试验。

5.1.2 试验结果分析

1. 粒径对砒砂岩重塑土反复剪切影响

不同粒径分布条件下剪应力与剪切位移关系如图5-2所示。试样在第一次剪切中均出现明显的峰值（当剪切位移为2 mm左右时，抗剪强度增幅已不超过5%），第四次剪切强度已与第三次剪切强度几乎一样，根据Skempton对于残余强度的定义，认为其残余强度就是第四次抗剪强度。

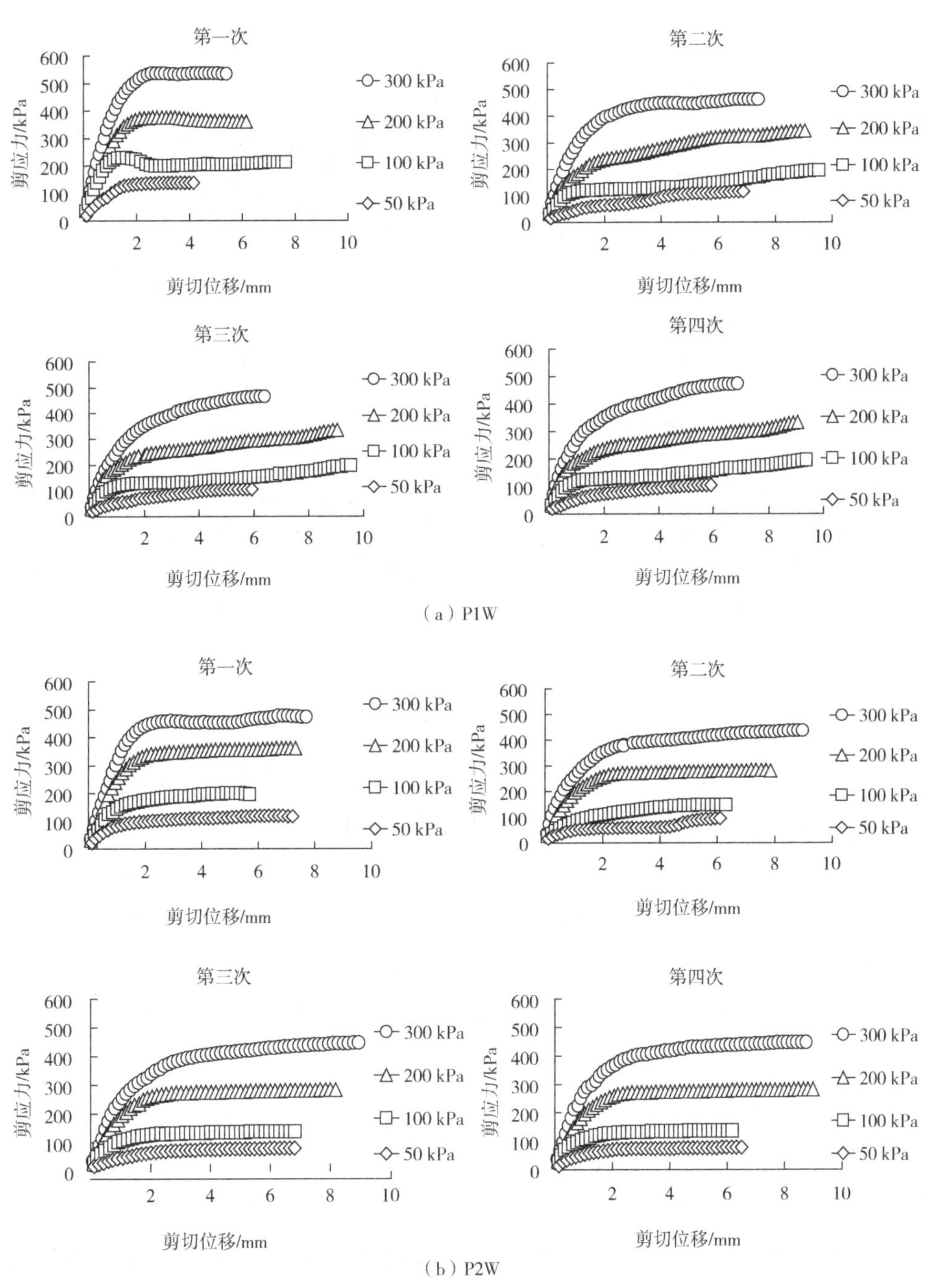

图 5-2　不同粒径分布条件下剪应力与剪切位移的关系

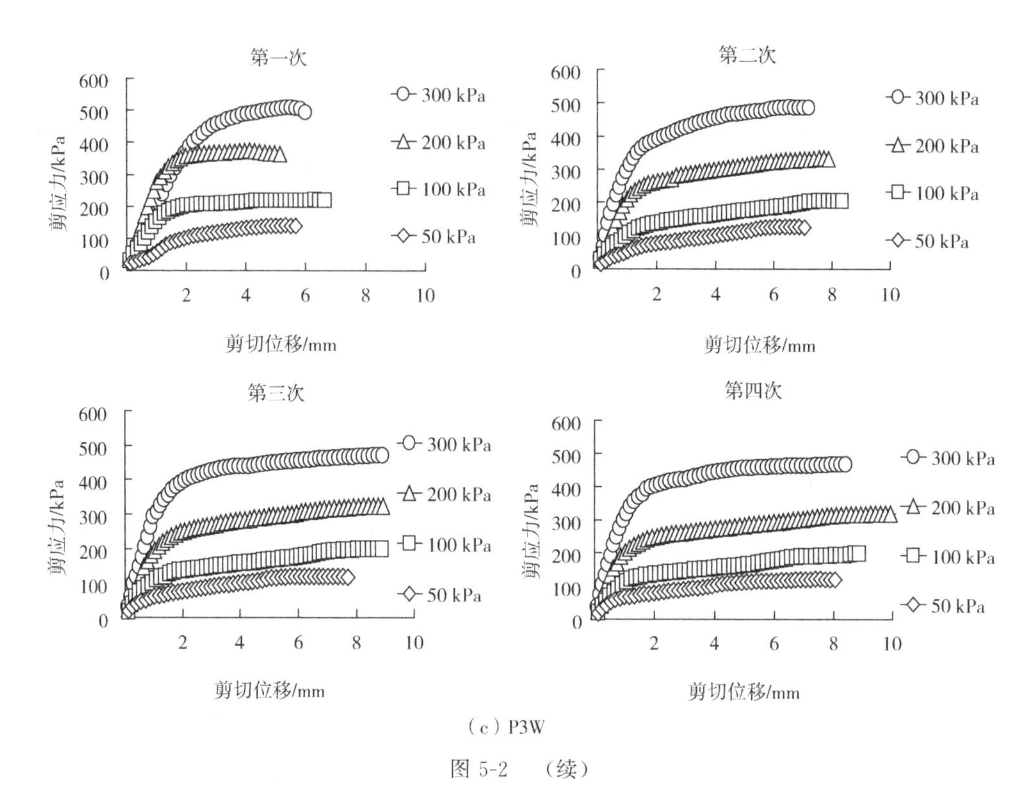

（c）P3W

图 5-2 （续）

图 5-2（a）是 P1W（粒径范围为 1～0.5 mm，含水量为 5%）试样的剪应力与剪切位移关系曲线，可以看出，无论是在较低法向应力（50 kPa）还是较高法向应力（300 kPa）作用，除第一次剪切外，其余三次剪切剪应力与剪切位移关系曲线均呈微硬化性，但当法向应力为 300 kPa 时，随着剪切位移的变大，曲线会变得更加平缓，这主要是由于在较高法向应力下，剪切面局部区域不仅存在颗粒的翻滚，而且土颗粒的重新排列和填充使孔隙有减小的趋势[45]，从能量的角度考虑，在试样固结完成后，试样是一个完整的能量体，在第一次剪切中，试样遭到破坏，一部分能量释放，剪应力降低，可以认为其贯穿剪切破坏面已基本形成，据 Skempton 认为，当滑动面基本出现时，残余强度基本为土体能够承受的最大强度。图 5-2（b）是 P2W（粒径范围为 0.5～0.25 mm，含水量为 5%）试样的剪应力与剪切位移关系曲线，和 P1W 类似，均在第一次剪切中出现峰值，但较剩余三次 P2W 曲线（当剪切位移大于 2 mm）更为平缓，当法向应力为 50 kPa 时，

P2W 的峰值强度较 P1W 下降了 14%，当法向应力为 300 kPa 时，峰值强度下降了 11%，图 5-2（c）是 P3W（粒范围为＜0.25 mm，含水量为 5%）试样的剪应力与剪切位移关系曲线（除第一次外），与 P2W 相似，当法向应力为 50 kPa 时，峰值强度升高 17.1%，但当法向应力为 300 kPa 时，峰值强度升高 6.5%。

比较图 5-2（a）、（b）、（c），在不同法向应力下，当粒径范围为 0.5～0.25 mm 时，砒砂岩重塑土抗剪强度均是最低的，胶结特性、内摩擦角、黏聚力均是最低，工程特性最差。图 5-3 所示为相同法向应力下剪切面图，对比发现 P2W 试样在剪切结束后被完整地分割为两半，P1W 和 P3W 的剪切破坏面则不平整，没有完整的剪切面。

（a）P1W 100 kPa

（b）P2W 100 kPa

（c）P3W 100 kPa

图 5-3　相同法向应力下剪切面图

粒径对砒砂岩的影响较明显，随着砒砂岩粒径范围的改变，其抗剪强度也发生着变化。表 5-2 列出了在不同粒径、不同含水量条件下砒砂岩重塑土在不同法向压应下的抗剪强度。在法向应力和含水量相同的情况下，其抗剪强度也不同。从表中可知，粒径范围为 0.5～0.25 mm 是特殊粒径，抗剪强度均小于粒径范围 1～0.5 mm和粒径范围为小于 0.25 mm，而 1～0.5 mm 和粒径范围为小于 0.25 mm 又较为接近。

表 5-2　砒砂岩抗剪强度

荷载	50 kPa		100 kPa		200 kPa		300 kPa	
粒径/mm	抗剪强度	含水量/%	抗剪强度	含水量/%	抗剪强度	含水量/%	抗剪强度	含水量/%
1～0.5	138.9	4.97	229.8	4.89	377.4	4.9	537.3	4.83
	123.5	7.99	219.05	7.88	357.2	7.9	504.7	7.86
	121.2	10.89	200.99	10.9	336.9	10.83	486.9	10.81
	112.4	13.98	190.4	13.87	315.6	13.84	471.3	13.8

续表

荷载	50 kPa		100 kPa		200 kPa		300 kPa	
粒径/mm	抗剪强度	含水量/%	抗剪强度	含水量/%	抗剪强度	含水量/%	抗剪强度	含水量/%
0.5～0.25	119.4	4.99	199.1	4.85	360.5	4.84	477.43	4.81
	115.7	7.94	190.6	7.87	328.5	7.85	470.96	7.91
	101.8	10.81	192.3	10.91	335.9	10.93	464.7	10.94
	92.6	13.76	184.2	13.84	318.2	13.94	445.3	13.85
<0.25	139.8	4.91	219.6	4.93	373.91	4.92	508.6	4.97
	130	7.86	213.6	7.98	360.3	7.87	494.99	7.87
	121.7	10.9	202.7	10.96	342.9	10.89	481.4	10.9
	113.3	13.89	192.5	13.89	327.4	13.9	470.3	13.8

粒径对相同含水量砒砂岩重塑土抗剪强度的影响线如图 5-4 所示，由图可知，抗剪强度会随着法向应力的变化而改变，随着法向应力的增大，抗剪强度也随之增大。当含水量为 5%时，在较低法向应力（50 kPa）作用下，P2W 试样的抗剪强度最小，约为 119.4 kPa，而 P1W 和 P2W 的抗剪强度约为 139 kPa，当法向应力为 300 kPa 时，P2W 的抗剪强度仍为最小；当含水量为 8%时，粒径随法向应力变化关系曲线和含水量为 5%时相近，P2B 均小于 P1B 和 P3B；当含水量为 14%时，粒径随法向应力变化关系曲线和含水量为 5%时明显不同，P1C、P2C、P3C 的抗剪强度更为接近，但 P2C 仍略小于 P1C 和 P3C，当法向应力为 300 kPa 时，P1C、P2C、P3C 的抗剪强度分别为 471.3 kPa、445.3 kPa、470.3 kPa。

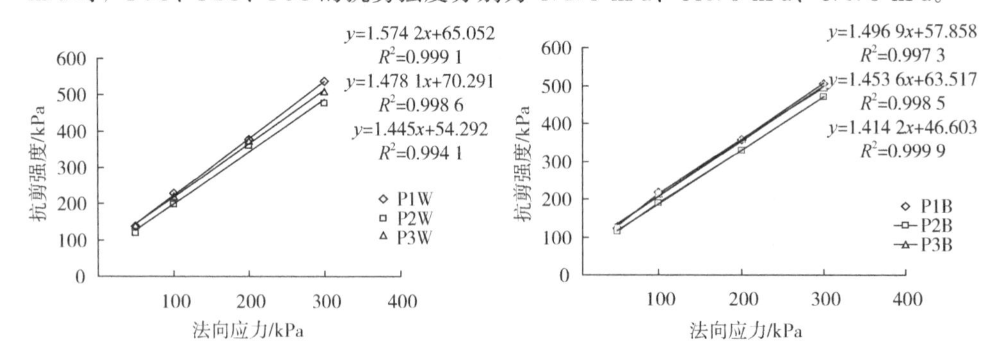

图 5-4 相同含水量下不同粒径—法向应力关系

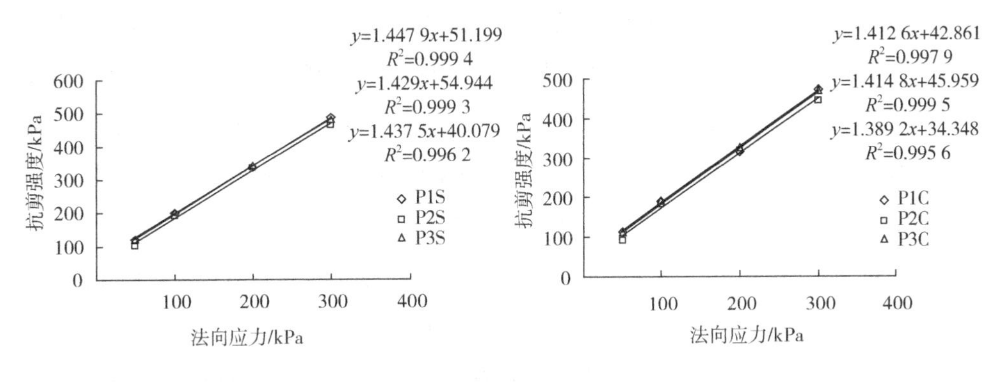

图 5-4　（续）

表 5-3 为砒砂岩重塑土的残余抗剪强度，随着含水率的增大，在四种法向应力作用下，残余抗剪强度呈线性下降趋势，但综合比较 P1、P2、P3 试样，在四种不同法向应力下，P2 试样的残余抗剪强度均为最小；在低含水量作用下，P1、P3 的残余强度相差不大，随着含水量的增大，二者的差距逐渐拉大。

表 5-3　砒砂岩重塑土的残余抗剪强度

荷载	50 kPa		100 kPa		200 kPa		300 kPa	
粒径/mm	残余强度	含水量/%	残余强度	含水量/%	残余强度	含水量/%	残余强度	含水量/%
1～0.5	104.3	4.97	175.9	4.89	304.3	4.9	438.7	4.83
	101.4	7.99	156.5	7.88	274.9	7.9	417.7	7.86
	87.4	10.89	140.2	10.9	251.5	10.83	369.1	10.81
	76.2	13.98	121.3	13.87	226.5	13.84	331.5	13.8
0.5～0.25	76.2	4.99	133.5	4.85	275.5	4.84	405.1	4.81
	75.6	7.94	132.6	7.87	258	7.85	401.9	7.91
	67.6	10.81	121.8	10.91	257.2	10.93	370.7	10.94
	58.2	13.76	111.7	13.84	230.1	13.94	340.1	13.85
<0.25	115.2	4.91	177	4.93	306	4.92	460.3	4.97
	107.1	7.86	175.2	7.98	302.4	7.87	453.1	7.87
	103.9	10.9	162.9	10.96	298	10.89	443.2	10.9
	90.8	13.89	147.1	13.89	290.1	13.9	409.1	13.8

含水量和法向应力共同决定砒砂岩抗剪强度与残余强度的数值大小，定义一

个过渡率，即由抗剪强度到残余强度的数值减少量除以抗剪强度，通过对比表5-2和表5-3，可知，P1在法向应力为50 kPa时的过渡率为24.9%，随着含水量增大到14%时，过渡率增大到32.2%；当法向应力为300 kPa时，含水量为5%，P1的过渡率为18.4，相比较于50 kPa呈现明显减小趋势，当含水量为14%时，P1的过渡率为29.7%。对于P2试样，在法向应力为50 kPa、含水量为5%时的过渡率为36.2%，含水量不变，法向应力变为300 kPa时，P2的过渡率为15.1%；当法向应力为50 kPa、含水量为14%时，P2的过渡率为37.1%。对于P3试样，当法向应力为50 kPa、含水量为5%时，P3的过渡率为17.6%，含水量增大到14%时，P3的过渡率为19.8%。由以上可以得出如下结论：粒径的不同显著改变砒砂岩的过渡率，P2作为特殊粒径，即中砂，不同法向应力、不同含水率下的过渡率数值较P1和P3都为最大，在低含水量作用下，过渡率均超过30%，随着法向应力的增大，过渡率有减少的趋势但幅度不明显。

2. 粒径对内摩擦角和黏聚力的影响

砒砂岩不同粒径范围对其峰值强度指标的影响比较剧烈，砒砂岩内摩擦角和黏聚力表现出较为剧烈的变化。砒砂岩内摩擦角和黏聚力随粒径范围的变化曲线如图5-5所示。当含水量为5%时，较大粒径范围（1～0.5 mm）的内摩擦角较大，随着粒径范围减小，内摩擦角有一定的降低，但降低幅度很小；随着含水量的增大，粒径范围的变化对内摩擦角的影响逐渐减弱，从图中可以看出，在四种含水量作用下（5%、8%、11%、14%），黏聚力随着粒径范围减小，其趋势表现为先减小后增大，含水量对黏聚力的影响更为明显。

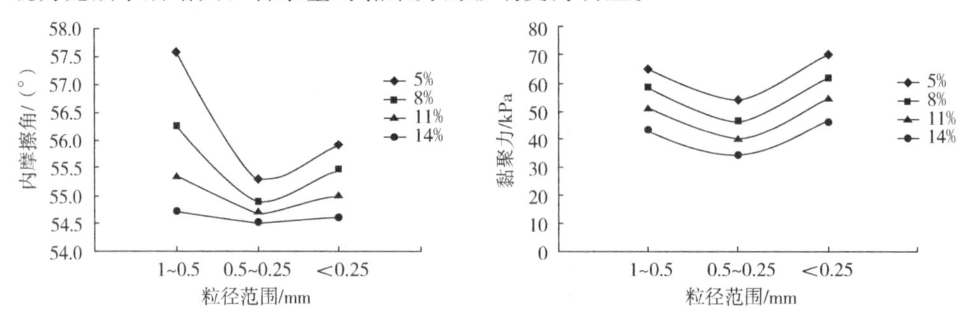

图5-5 砒砂岩粒径范围变化对内摩擦角和黏聚力的影响曲线

残余黏聚力和残余内摩擦角随粒径范围的变化如图 5-6 所示，粒径范围为 0.5～0.25 mm 时，残余黏聚力最小，而粒径范围为 1～0.5 mm 和＜0.25 mm 的黏聚力较为接近；在不同含水量作用下，残余内摩擦角随粒径的减小均表现为小幅度增大，但幅度较不明显。

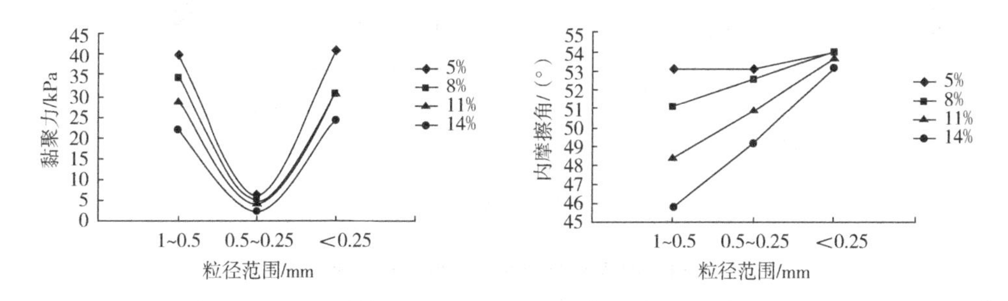

图 5-6　残余黏聚力和残余内摩擦角随砒砂岩粒径范围的变化

3. 剪切面附近区域的颗粒分析

剪切面附近区域（约 1.5 cm）的颗粒粒径分布曲线如图 5-7 和图 5-8 所示，对于给定的较粗的砒砂岩颗粒，剪切面的颗粒分布曲线会随着法向应力的增大而逐渐在 x 轴上方移动。但不同粒径、分布和含水量对颗粒破碎的影响并不相同，不同粒径、不同含水量的试样剪切面区域颗粒分析结果见表5-4～表 5-7。

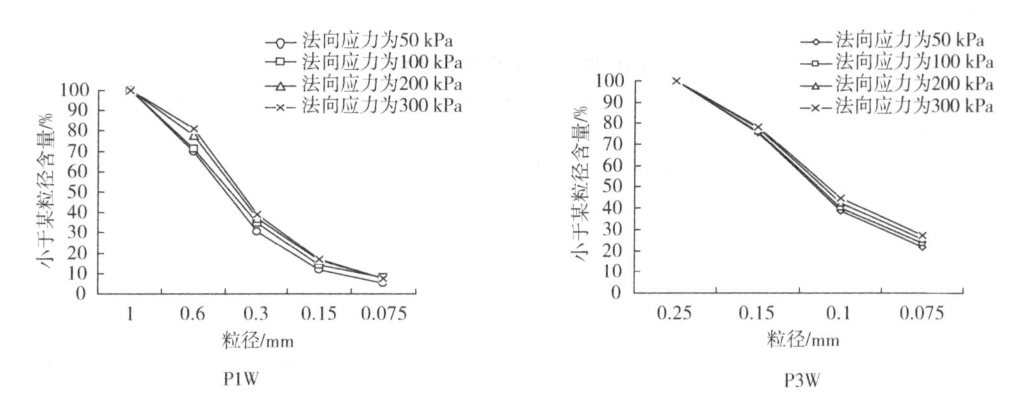

图 5-7　不同粒径剪切面区域颗粒分析图

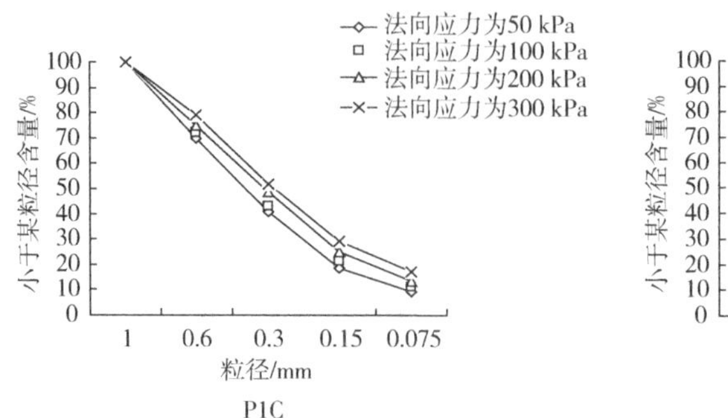

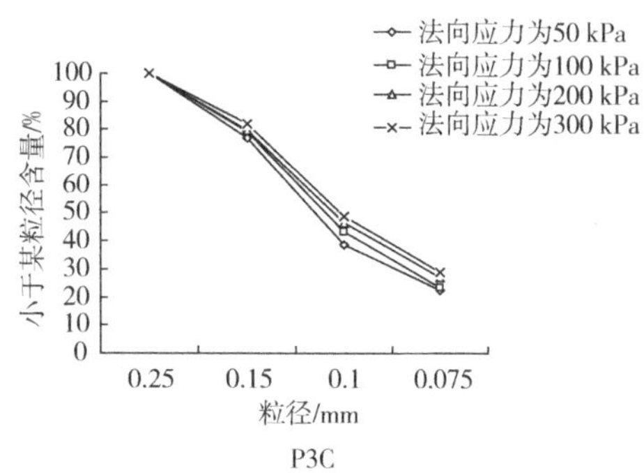

图 5-8 不同含水量剪切面区域颗粒分析图

表 5-4 P1W 试样剪切面区域颗粒分析结果

粒径范围/mm	含水量	小于某粒径含量/mm	法向应力/kPa			
			50	100	200	300
1～0.5	5%	1	99.84	99.88	99.85	99.87
		0.6	69.78	71.08	77.8	81.12
		0.3	30.75	35	37.5	39.1
		0.15	12.02	14	16.4	17.2
		0.075	5.3	8.1	7.6	7.66

表 5-5 P1C 试样剪切面区域颗粒分析结果

粒径范围/mm	含水量	小于某粒径含量/mm	法向应力/kPa			
			50	100	200	300
1～0.5	14%	1	99.70	99.80	99.89	99.88
		0.6	68.78	72.08	74.8	79.12
		0.3	40.65	43.2	48.5	51.8
		0.15	18.5	21.3	25.2	29.2
		0.075	9.1	11.3	13.5	17.2

表 5-6　P3W 试样剪切面区域颗粒分析结果

粒径范围/mm	含水量	小于某粒径含量/mm	法向应力/kPa			
			50	100	200	300
<0.25	5%	0.25	99.84	99.88	99.89	99.97
		0.15	75.78	76.08	77.8	78.12
		0.1	38.75	40.2	42.5	44.8
		0.075	21.5	23.3	25.2	27.2

表 5-7　P3W 试样剪切面区域颗粒分析结果

粒径范围/mm	含水量	小于某粒径含量/mm	法向应力/kPa			
			50	100	200	300
<0.25	14%	0.25	99.75	99.85	99.86	99.91
		0.15	75.65	76.15	77.65	78.4
		0.1	38.8	41.02	42.87	45.1
		0.075	21.6	24.13	25.98	27.65

1）粒径对颗粒破碎的影响

考虑到不同粒径的影响，P1W 中粒径大于 0.5 mm 的颗粒明显减少，0.3～0.15 mm 的粒径含量明显增多；0.15～0.075 mm 的粒径含量明显增多，而 P3W 的颗粒破碎程度明显小于 P1W，Hardin[48] 做了大量颗粒破碎实验，结果表明，颗粒破碎一般仅发生在粒径范围大于 0.075 mm 范围内；颗粒自身的缺陷会随着颗粒粒径的变大而变大，颗粒之间的接触力也会随之变大，集中应力更容易出现在棱角处，即颗粒接触的地方[49]，从而促使颗粒破碎现象增大。

2）含水量对颗粒破碎的影响

由于含水量的作用，P1C、P3C 在剪切后的颗粒分析曲线有着较为显著的差异。颗粒破碎现象更容易出现在高含水量作用下的相对较粗颗粒（1～0.5 mm），随着含水量的增大，细小颗粒含量将会呈现明显减少的趋势。Miura[50] 等做了大量颗粒破碎实验，条件为不同含水量作用下，得到了较为一致的结论。颗粒破碎机制随着含水量条件的变化而呈现出明显不同的效果，天然缺陷在较粗颗粒范围内较多，在高含水量条件下，水的润滑作用会使较粗颗粒砒砂岩更容易发生破碎。在低含水量作用下，试样剪切面附近剪切应力较大，相对细小颗粒会在碰撞中超过自身所能承受的最大拉应力。

4. 含水量对砒砂岩重塑土反复剪切影响

图 5-9 中，(a)、(b)、(c) 分别表示 P1、P2、P3 在相同法向应力不同含水量条件下第一次剪应力与剪切位移关系曲线，可以看出，含水量对砒砂岩重塑土抗剪性能影响较明显。当法向应力为 50 kPa 时，随着含水量的增大，抗剪强度均呈下降趋势，含水量由 5%增加到 14%时，P1 的抗剪强度下降了 19.1%，当法向应力为较高的 300 kPa 时，抗剪强度下降了 12%，随着法向应力的增大，含水量对抗剪强度的影响逐渐下降；对于 P3 试样，相对于 P1、P2 来说颗粒间的空隙较小，在低含水量（$\omega=5\%$）作用下，强度均大于 P1、P2，随着含水量的增加，抗剪强度呈下降趋势；P2 试样和 P1、P3 有着相同的规律，当法向应力为 50 kPa 时，含水量由 5%增加到 14%，抗剪强度下降了 22%，当法向应力为最大 300 kPa 时，抗剪强度最大下降了 6%，含水量对其作用效果随着法向应力的增大呈减弱趋势。颗粒之间的吸力受含水量的影响较为明显，含水量越大，吸力越小，在第一次剪切中，由于试样（P1W）含水量较低，产生了较高吸力，从而促使 P1W 砒砂岩试样产生较大抗剪强度，高含水量试样（P1C）有着较低的吸力，从而峰值抗剪强度较低[51]。

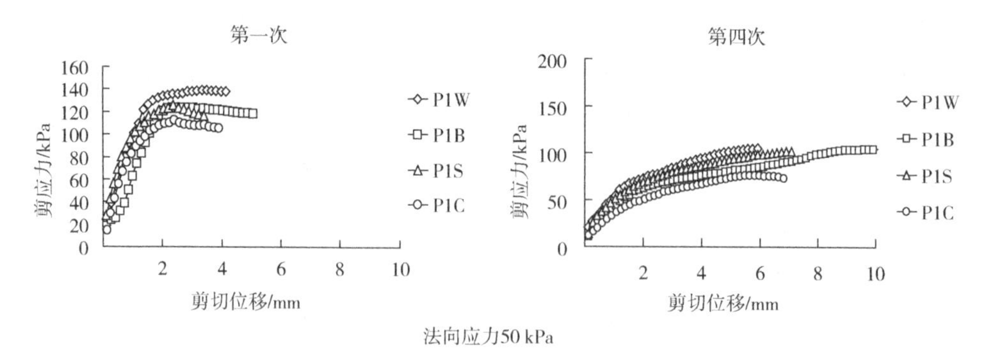

图 5-9 相同法向应力不同含水量条件下剪应力与剪切位移关系

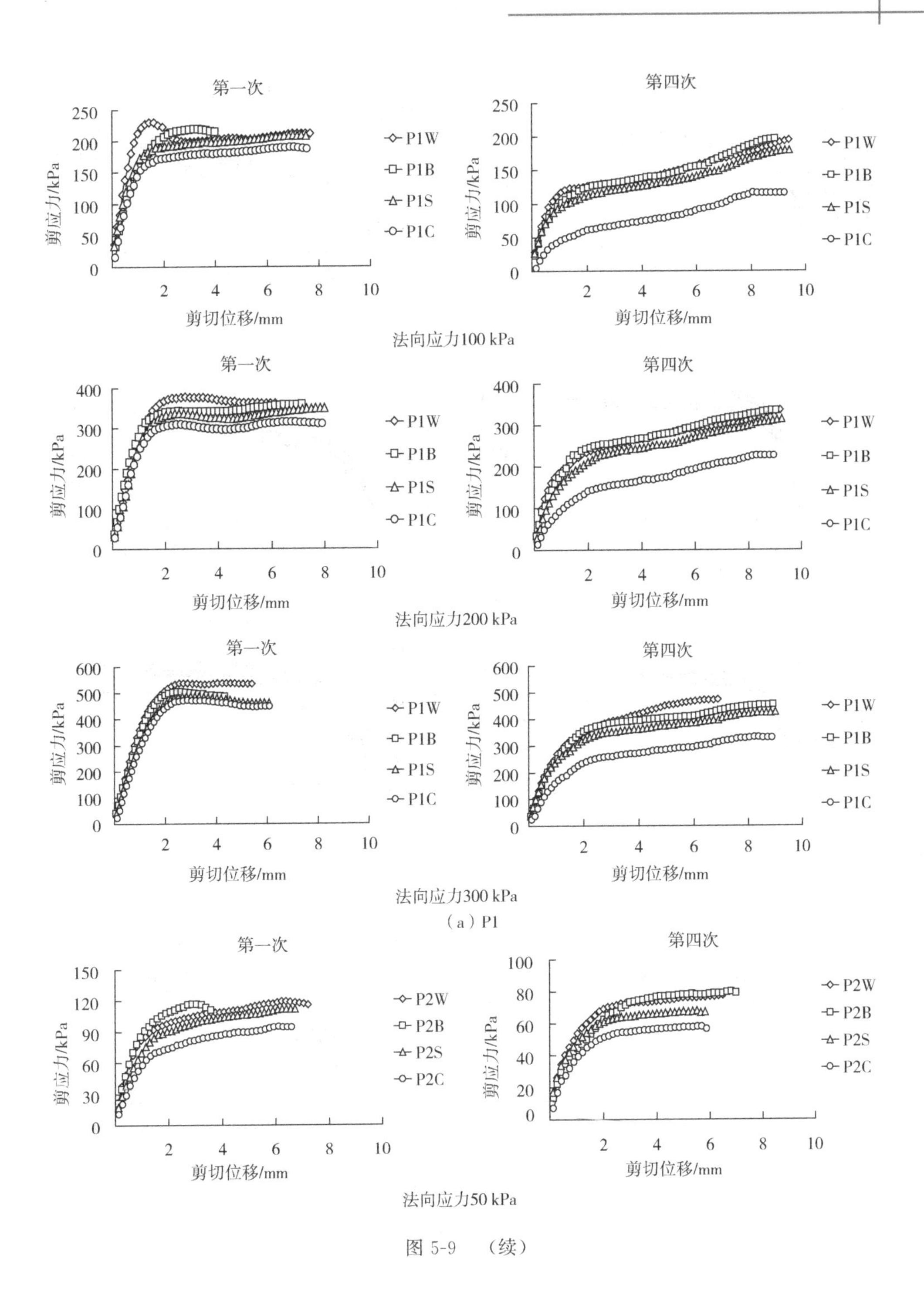
第一次
第四次
剪应力/kPa
剪切位移/mm
P1W
P1B
P1S
P1C
法向应力100 kPa
法向应力200 kPa
法向应力300 kPa
（a）P1
P2W
P2B
P2S
P2C
法向应力50 kPa

图 5-9　（续）

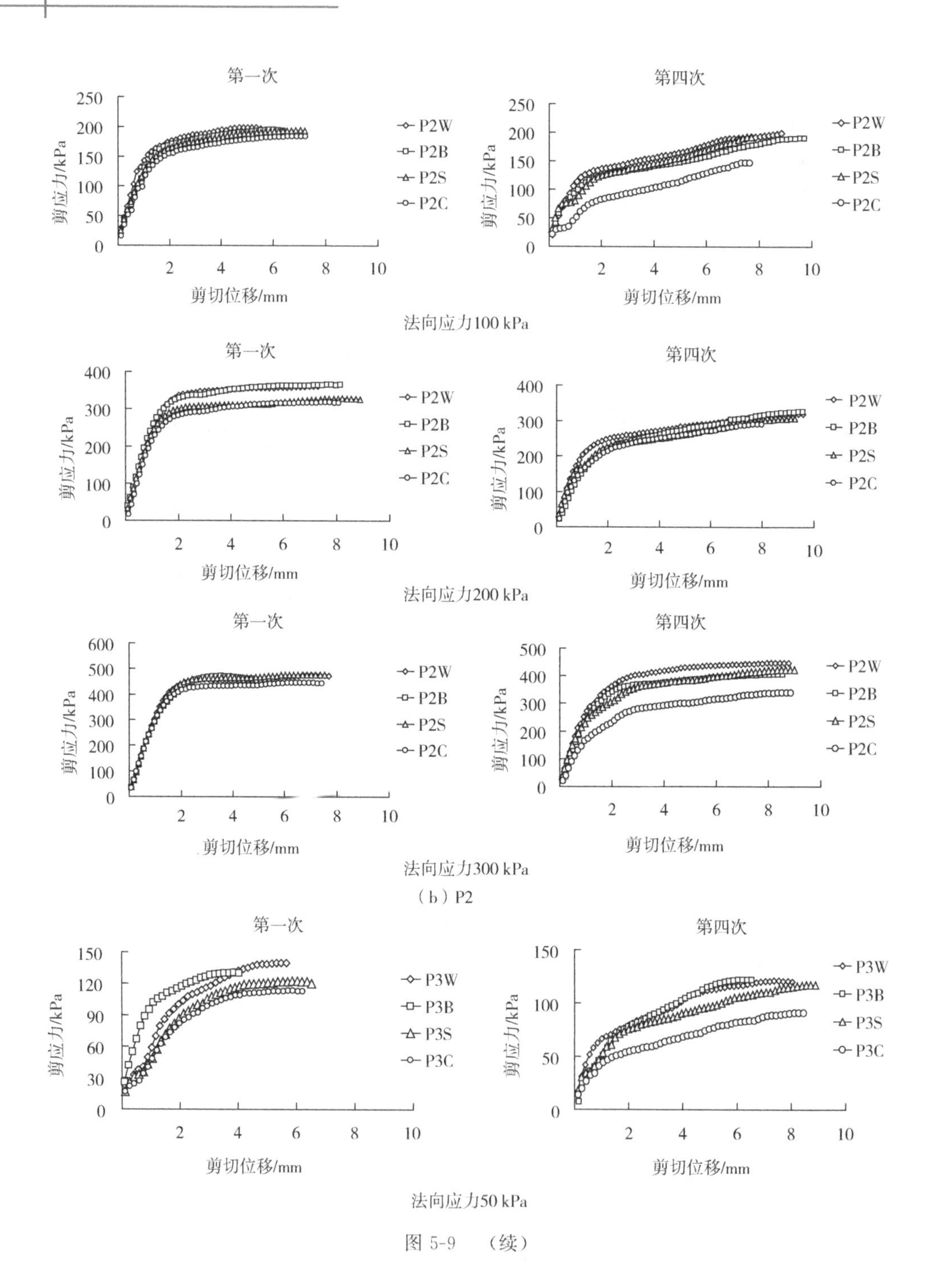
第一次
第四次
剪应力/kPa
剪切位移/mm
P2W
P2B
P2S
P2C
法向应力100 kPa
法向应力200 kPa
法向应力300 kPa
(b) P2
P3W
P3B
P3S
P3C
法向应力50 kPa

图 5-9 (续)

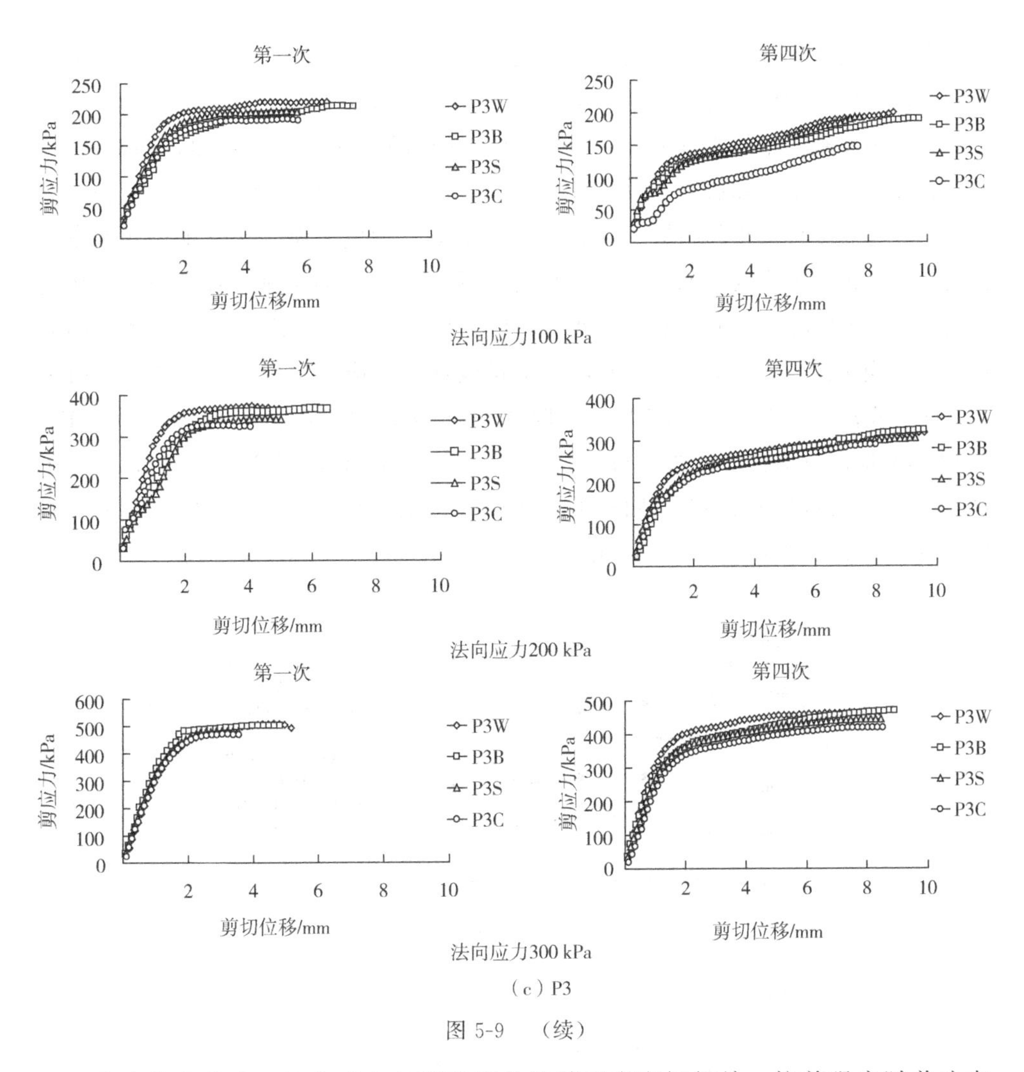

（c）P3

图 5-9　（续）

在直剪实验中，法向应力与砒砂岩的抗剪强度密切相关，抗剪强度随着法向应力的增大而增大。在法向应力分别为 50 kPa、100 kPa、200 kPa、300 kPa 下进行反复剪切试验，随着法向应力的增大，抗剪强度的最大值和最小值分别发生在 300 kPa 和 50 kPa。以图 5-9（a）P1W 第一次剪切为例，法向应力为 50 kPa，剪切位移达到一定时（大约 2 mm），峰值强度达到最大值为 138.9 kPa，在 2～4 mm强度变化较小，当法向应力为 100 kPa、200 kPa、300 kPa 时，试样均在 2 mm左右达到峰值，抗剪强度分别为 229.8 kPa、377.4 kPa、537.3 kPa。

含水量对不同粒径砒砂岩抗剪强度的影响如图 5-10 所示。砒砂岩的抗剪强度会随着法向应力的增大而发生显著改变，抗剪强度随着法向应力的增大而增大。图中更直接地反映了砒砂岩抗剪强度随法向应力的增加，其抗剪强度出现明显增大；试样在相同粒径范围和法向应力作用下，随着含水量的增大，砒砂岩的抗剪强度逐渐减小，并呈线性减小的趋势。对于 P1 试样，在法向应力为 50 kPa 时，含水量较低时对应的抗剪强度为 138.9 kPa，随着含水量的增大，抗剪强度逐渐减小；法向应力为 200 kPa 时，通过数据拟合可知，对于 P1、P2、P3 试样，此时斜率的绝对值最大；当法向应力为 300 kPa 时，含水量较低时对应的抗剪强度为 537.3 kPa。对于 P2 试样，当含水量为 5%时，四种法向应力 50 kPa、100 kPa、200 kPa、300 kPa对应的抗剪强度分别为 119.4 kPa、115.7 kPa、101.8 kPa、92.6 kPa。对于 P3 试样，当含水量为 5%时，四种法向应力 50 kPa、100 kPa、200 kPa、300 kPa 对应的抗剪强度分别为 139.8 kPa、129.9 kPa、121.6 kPa、113.3 kPa。

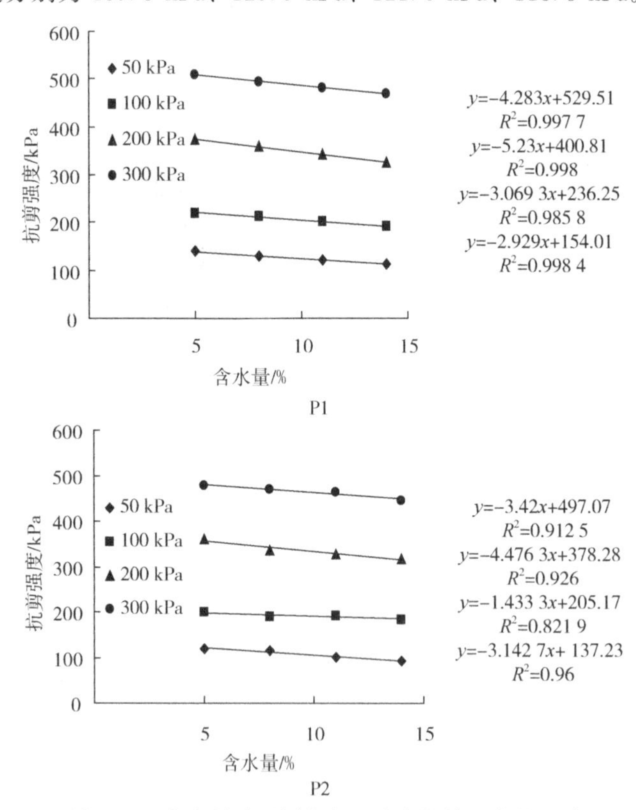

图 5-10 含水量对不同粒径砒砂岩抗剪强度的影响

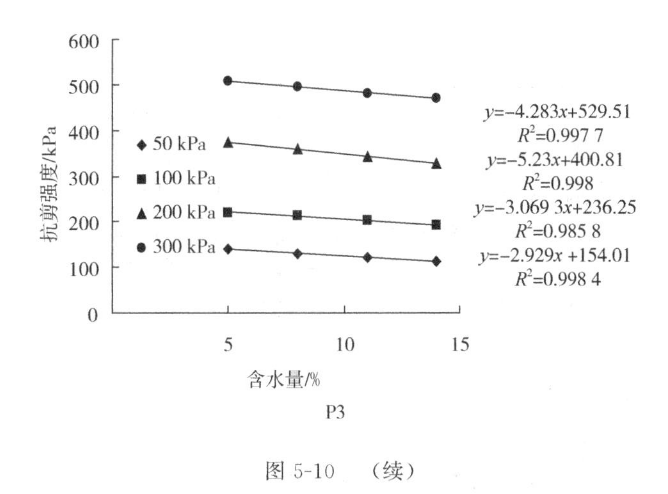

图 5-10　（续）

含水量对不同粒径砒砂岩残余抗剪强度的影响如图 5-11 所示。通过对比含水量对抗剪强度的影响规律可知，含水量对 P1 试样的残余抗剪强度影响更为明显，对比 P1、P2、P3 图，当法向应力为 50 kPa 时，三者的残余抗剪强度随含水量的增大而线性减小，P1 试样的残余抗剪强度为 104.3 kPa，P2 试样的残余抗剪强度为 76.2 kPa，P3 试样的残余抗剪强度为 115.2 kPa，最大；当法向应力为 300 kPa时，P1 试样的残余抗剪强度随含水量的增大而减小得更快。

为了评价含水率对砒砂岩抗剪强度的影响，将砒砂岩的损失率 S 定义为含水量变化前后抗剪强度减小量 $\Delta\tau_f$ 和较小含水量的抗剪强度 τ_f 之比的百分数，即

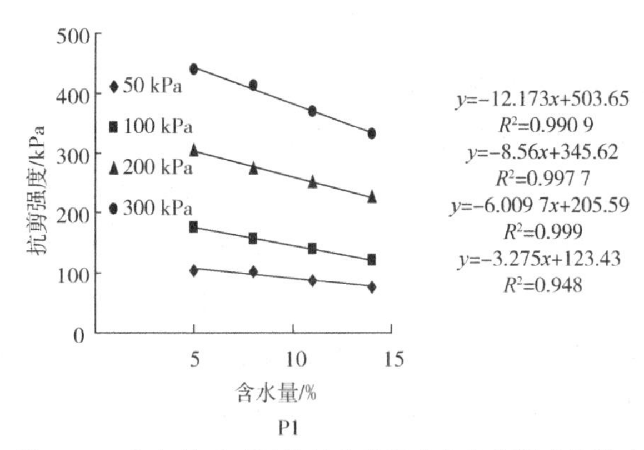

图 5-11　含水量对不同粒径砒砂岩残余抗剪强度的影响

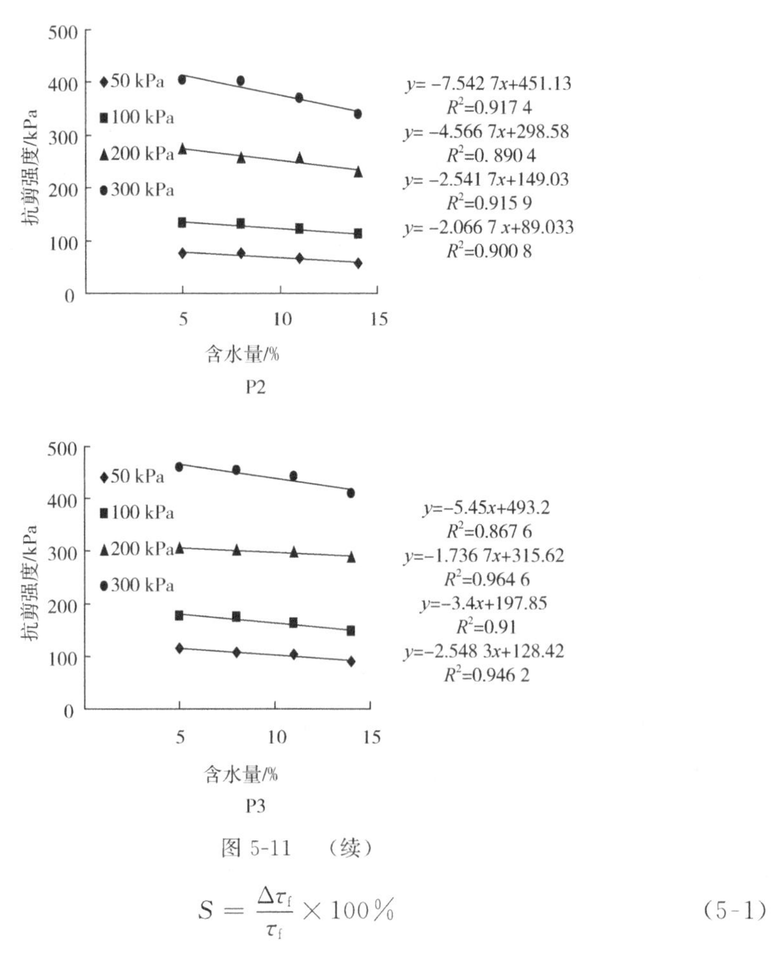

图 5-11 （续）

$$S=\frac{\Delta\tau_{\mathrm{f}}}{\tau_{\mathrm{f}}}\times 100\% \tag{5-1}$$

图 5-12 所示为抗剪强度损失率的变化，图中 $S5\text{-}8$ 表示含水量从 5%增加到 8%时抗剪强度的损失率，$S5\text{-}11$ 表示含水量从 5%增加到 11%抗剪强度的损失率，$S5\text{-}14$ 表示含水量从 5%增加到 14%时抗剪强度的损失率，从图中可以看出，随着含水量的变大，当法向应力为 50 kPa 时，砒砂岩重塑土的抗剪强度损失最大，之后随着法向应力 100 kPa、200 kPa、300 kPa 依次减小。抗剪强度的损失相对最小量发生在法向应力为 300 kPa 时，对于 P1 试样，法向应力为 50 kPa 时的抗剪强度损失最大约为 19%，法向应力为 100 kPa、200kPa、300 kPa 时抗剪强度的损失分别为 17.1%、16%、12%。对于 P2、P3 试样，有类似规律。同时还表现为在低法向应力下作用下，砒砂岩的抗剪强度损失率受含水量的影响最大，含

水量作为一个外在因素对抗剪强度损失量的影响会随着法向应力的增大而逐步减小。

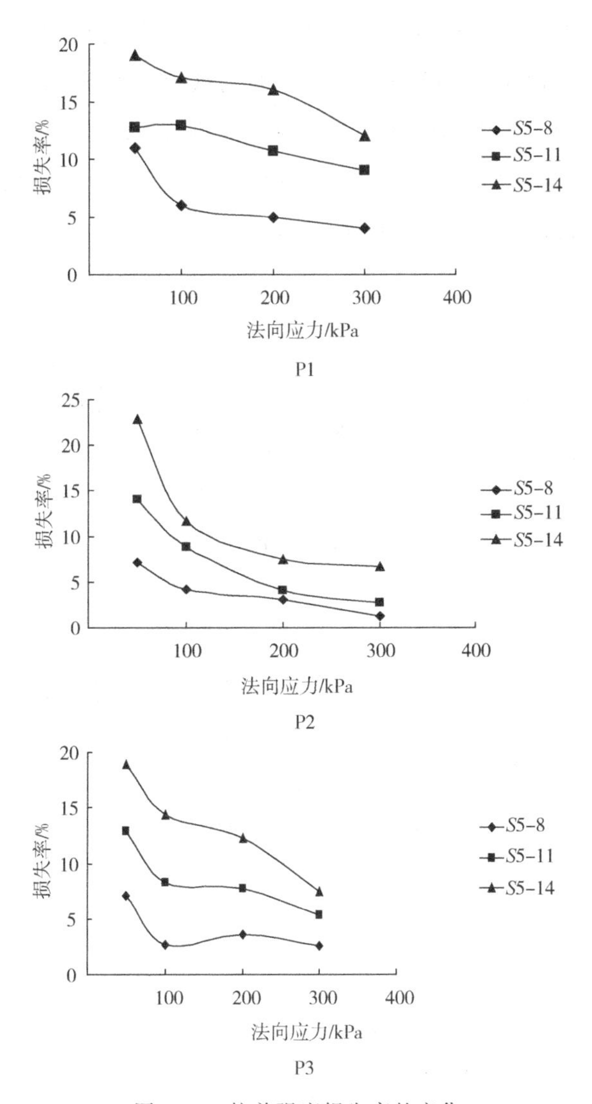

图 5-12　抗剪强度损失率的变化

图 5-13 所示为残余抗剪强度损失率变化，整体规律和图 5-12 较为一致，随着法向应力的增大，含水量对于残余抗剪强度作用效果整体呈减弱趋势。但图中的 P1、P2、P3 变化形态各不一样。对于 P1，当方向应力为 50 kPa 时，在三种

不同含水量变化下，残余抗剪强度的损失率均为最大，约为32%，随着法向应力的增大，含水量对残余抗剪强度的作用效果在减弱；对于P2，当法向应力为50 kPa（较低法向应力）时，残余抗剪强度的损失率均为最大，在剩余三种法向应力100 kPa、200 kPa、300 kPa下，含水量对残余抗剪强度的影响呈不变趋势；对于P3，在法向应力为50 kPa时，三种损失率即为S5-8、S5-11、S5-14，S值均为最大，随着法向应力的增大，含水量由5%增大到8%，损失基本保持不变，含水量由5%增大到14%时，含水量对残余抗剪强度的作用效果在减弱。

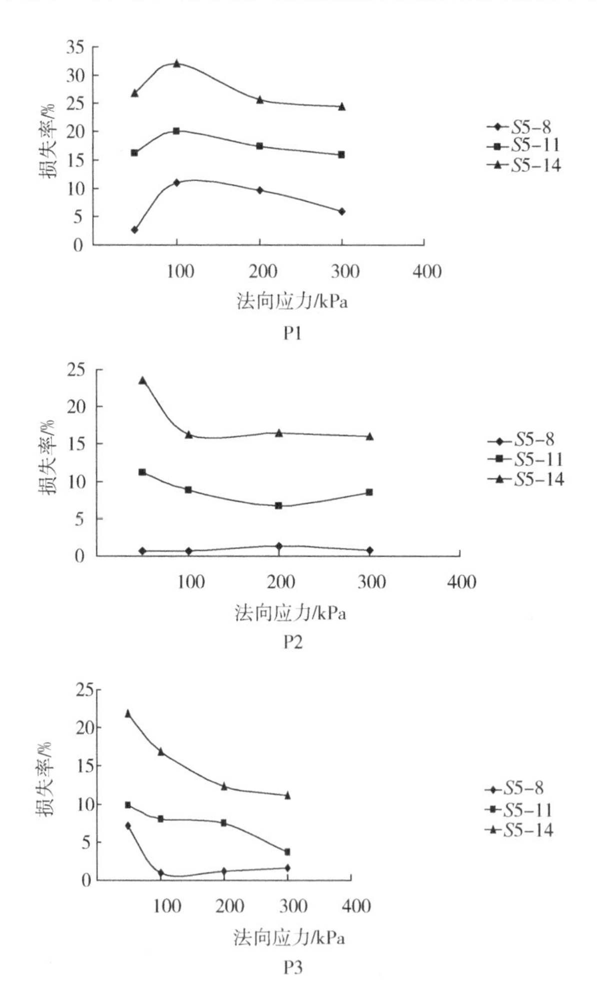

图 5-13 残余抗剪强度损失率变化

5. 含水量对内摩擦角和黏聚力的影响

1773年，法国学者库仑（Coulomb）根据沙土的试验结果，提出土的抗剪强度 τ_f 在应力变化不大的范围内可表示为剪切滑动面上法向应力 σ 的线性函数：

$$\tau = \sigma \cdot \tan \varphi \tag{5-2}$$

式中 φ——土的内摩擦角；

$\tan\varphi$——土的内摩擦系数。

后来库仑对于黏性土又提出了一个更通用的公式：

$$\tau = \sigma \cdot \tan \varphi + c \tag{5-3}$$

式中 c——土黏聚力。

图5-14所示为不同粒径范围砒砂岩抗剪强度包线，通过图可以得到不同粒径范围砒砂岩重塑土抗剪强度线性方程，见表5-8，通过图5-14所示关于砒砂岩的抗剪强度值，建立以法向应力50 kPa、100 kPa、200 kPa、300 kPa为横坐标，以同一粒径范围、不同含水量的砒砂岩在法向应力为25 kPa、50 kPa、100 kPa、200 kPa作用下的抗剪强度值为纵坐标的图形，根据Mohr-Coulomb理论，通过直线拟合公式：$\tau_f = \sigma \cdot \tan \varphi + c$，获得相应的内摩擦角和黏聚力参数，见表5-9。

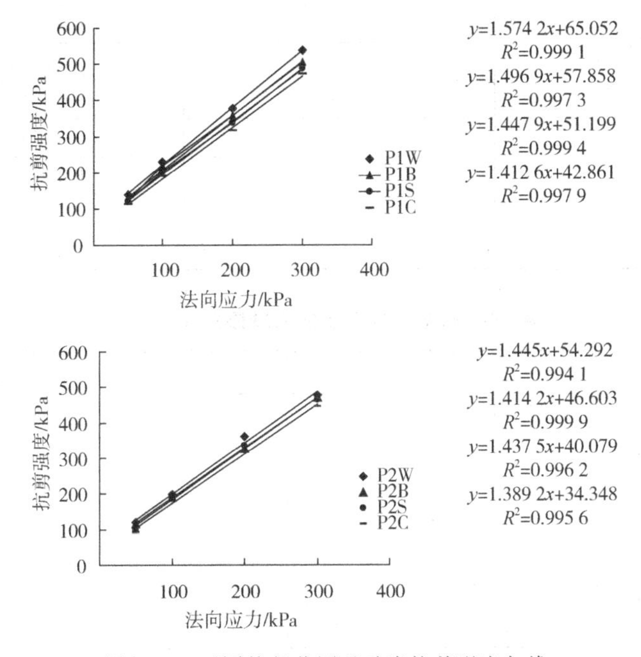

图5-14 不同粒径范围砒砂岩抗剪强度包线

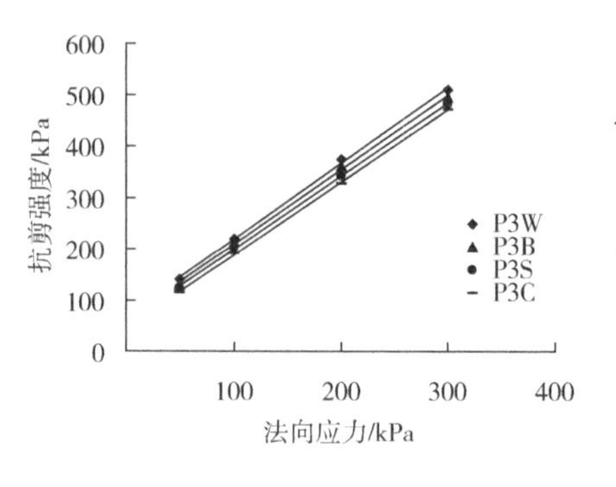

图 5-14 （续）

表 5-8 砒砂岩重塑土抗剪强度线性方程

粒径范围/mm	含水量/%	线性方程
1～0.5	5	$y=1.574\ 2x+65.052$
	8	$y=1.496\ 9x+57.858$
	11	$y=1.447\ 9x+51.199$
	14	$y=1.412\ 6x+42.861$
0.5～0.25	5	$y=1.44\ 5x+54.292$
	8	$y=1.414\ 2x+46.603$
	11	$y=1.437\ 5x+40.097$
	14	$y=1.389\ 2x+34.348$
＜0.25	5	$y=1.478\ 1x+70.291$
	8	$y=1.453\ 6x+63.517$
	11	$y=1.429x+54.944$
	14	$y=1.414\ 8x+45.959$

表 5-9 砒砂岩重塑土的内摩擦角和黏聚力

粒径范围/mm	含水量/%	5	8	11	14
1～0.5	内摩擦角/（°）	57.58	56.25	55.37	54.70
	黏聚力/kPa	65.05	57.86	51.20	42.86
0.5～0.25	内摩擦角/（°）	55.32	54.91	54.55	54.53
	黏聚力/kPa	54.30	46.60	40.08	34.35
＜0.25	内摩擦角/（°）	55.92	55.47	55.02	54.60
	黏聚力/kPa	70.30	62.14	54.94	45.96

由表5-9可知，在三种不同粒径范围下，内摩擦角和黏聚力均随含水量的增大而减小，但黏聚力的减小幅度更大。粒径范围为1～0.5 mm时，随着含水量的增大砒砂岩重塑土的内摩擦角从57.58°变化到54.70°，呈下降趋势；粒径范围为0.5～0.25 mm时，随着含水量的增大砒砂岩重塑土的内摩擦角从55.32°变化到54.53°，呈下降趋势；粒径范围小于0.25 mm时，随着含水量的增大砒砂岩重塑土的内摩擦角从55.92°变化到54.60°，呈下降趋势。由图5-15关于砒砂岩内摩擦角随含水量变化曲线可以看出，对于P1，随着含水量的增加，内摩擦角呈线性下降，含水量由5%变化到8%，内摩擦角下降了2.3%，内摩擦角几乎没有变化；而P2、P3均呈线性下降，三者下降较微弱。

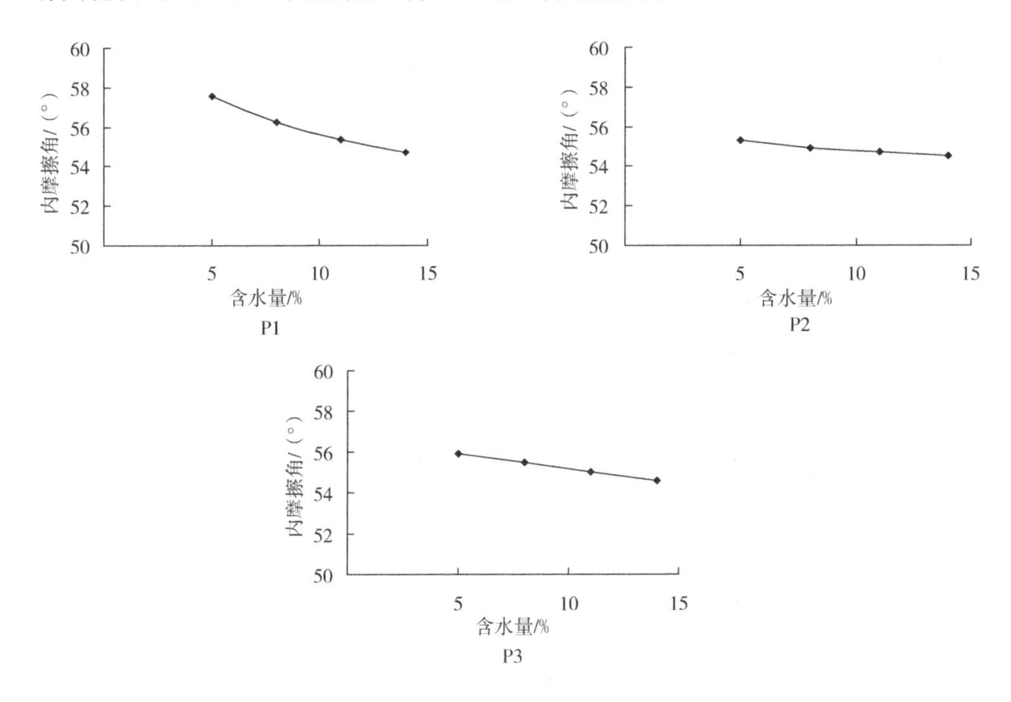

图5-15　砒砂岩内摩擦角随含水量变化曲线

黏土的力学性能指标主要表现为内聚力，土体颗粒之间的分子引力形成的初始内聚力和土体颗粒中胶结形成的固化内聚力是内聚力的主要组成部分，所以对于砒砂岩重塑土，土中化合物的胶结作用形成的固化黏聚力成了黏聚力的主要来源。由表5-5可知，在较低含水量作用下，P3（<0.25 mm）表现出较高的黏聚

力，为 70.3 kPa；对于 P1，当含水量 5%时，黏聚力为 65.05 kPa，随着含水量增加到 14%，黏聚力降低了 34.1%，为 42.86 kPa；对于 P2，黏聚力最小，当含水量 5% 时，黏聚力为 54.3 kPa，随着含水量的增加，黏聚力最低降低了 36.7%。

图 5-16 给出了砒砂岩黏聚力随含水量增加的变化曲线，可以看出 P1、P2、P3 三者均随含水量的增大而线性减小，含水量对于黏聚力的影响较为剧烈。

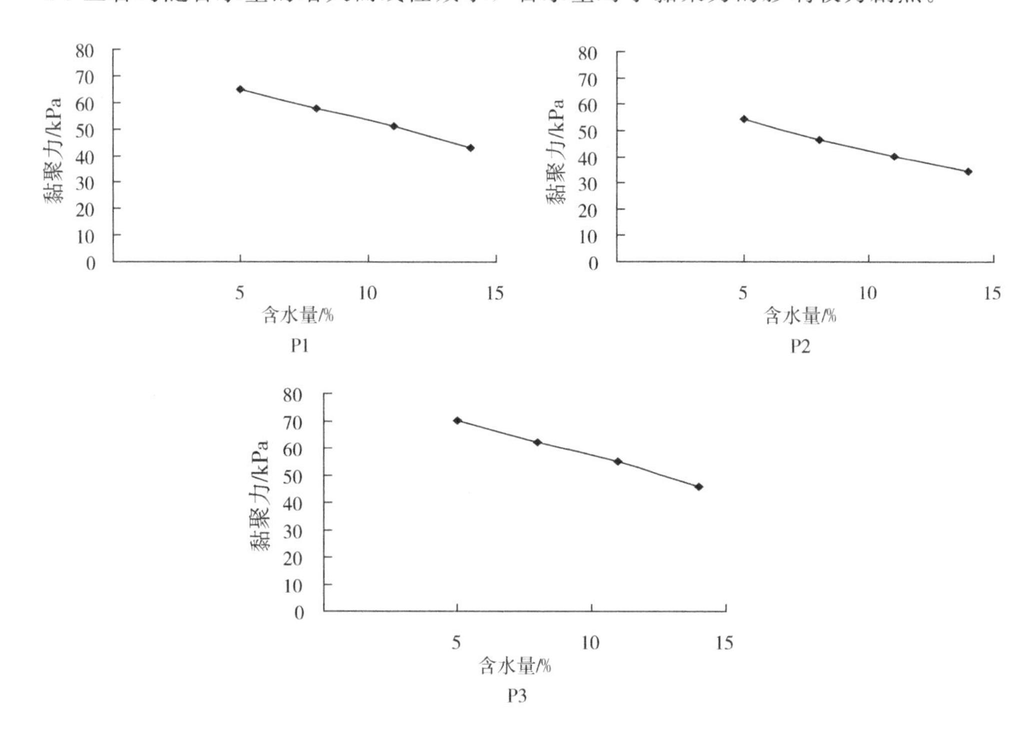

图 5-16 砒砂岩黏聚力随含水量增加的变化曲线

6. 基于含水量下砒砂岩重塑土抗剪强度模型

内摩擦角和黏聚力随含水量的变化趋势如图 5-15、图 5-16 所示，黏聚力和内摩擦角随含水量的增大而线性减小。砒砂岩重塑土的 c 和 φ_p 随着含水量的变化进行数据拟合：

$$\left.\begin{aligned} c &= D - \omega \tan E \\ \varphi_p &= F - \omega \tan G \end{aligned}\right\} \tag{5-4}$$

式中　D，F——拟合参数；

$\tan G$，$\tan E$——内摩擦角和内聚力随着含水量的变化而线性减小的倾角。

将 c 和 φ_p 与含水量的关系式（5-4）代入摩尔库仑强度理论，则

$$\tau_f = (D - \omega\tan E) + \sigma\tan(F - \omega\tan G) \tag{5-5}$$

式中　τ_f——抗剪强度，kPa；

D，E，F，G——拟合系数，见表5-10。

表5-10　各拟合系数

试样类别	D/kPa	E/(°)	F/kPa	G/(°)
P1	77.43	67.71	58.99	17.59
P2	64.84	66.65	55.68	5.03
P3	71.45	57.99	63.6	46.94

7. 含水量对残余内摩擦角和残余黏聚力的影响

图5-17所示为不同粒径下残余 c 和 φ_p 与含水量之间的关系，图5-17（a）为残余黏聚力随含水量变化关系，P1、P2、P3的残余黏聚力随含水量的增大基本呈线性下降，其中P2突变较为明显，P2在5%、8%、11%下的残余黏聚力分别为6.153 8kPa、4 .851 3 kPa、4.261 1 kPa，基本趋于0，P1和P3的残余黏聚力较为接近，基本趋于一致。但当含水量为11%时，P1和P2的残余黏聚力差值为2.591 kPa。当含水量为5%、8%时，P1和P2的残余黏聚力均保持在38.3 kPa左右。图5-17（b）为残余内摩擦角随含水量的变化关系，其中P3的非

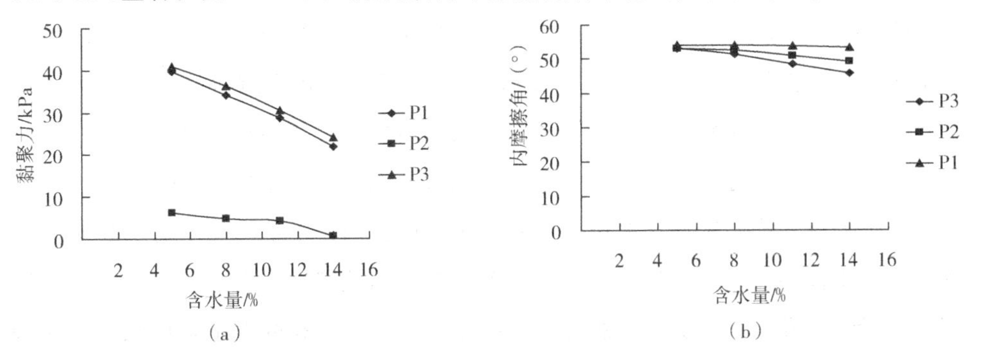

图5-17　不同粒径下残余 c 和 φ_p 与含水量之间的关系

线性最强，P1、P2保持了良好的线性关系，P3在三种含水量下的残余内摩擦角都保持在53.8°。在较低含水量下P1和P2的残余内摩擦角更为相近，随含水量的增大，二者差值逐渐增大，最大差值达2.6°。

8. 砒砂岩的剪胀规律及本构模型

砒砂岩土体具有剪缩/胀特性、流变性、弹塑性、各向异性等极其复杂的性质，同时影响这些性质的因素多种多样，如矿物组成、应力大小、应力条件和土体本身的状态。目前，较为理想的模型很难被找到来综合考虑多种因素和特征。考虑主要影响因素，如应力—应变，忽略掉不重要情况，模型的合理与实用与否也是必须考虑的，对某一给定的情况，在实际工程验算中也同样有着不可忽略的意义。

相对于弹性材料而言，剪切应变一般不受球应力影响，而体积应变和球应力有着密不可分的关系。相反，体积应变一般不受剪应力影响，剪应变和剪应力相互作用较明显。体积变化则也受剪切应力影响，这种情况会发生在土体中。体积缩小受剪切应力的影响，且这种情况主要发生在松砂和较软土体中；体积变大受剪切应力的影响，并且这种情况主要产生于相对紧而密的砒砂岩土体中。剪切膨胀和剪切缩小分别为土体承受剪切应力时体积发生变化的主要特点。为了对土体进行剪胀特性描述，大量学者专家进行相关方面的实验，1885年，Reynold[52]通过大量实验得出剪切膨胀是紧密砂在剪切排水实验中条件的主要特征，负孔隙水压力主要产生于剪切不排水中，这一体积变化性质在当时只进行了简单描述；P. W. Rowe[53-54]研究了土体颗粒材料剪胀特性，建立了Rowe剪胀方程；Y. F. Dafalias[55]进行了沙土的剪胀试验，得出了密度和周围压力是沙土发生剪胀性质的主要影响因素；X. S. Li[56-57]进行了沙土的剪胀特性实验研究；T. B. S. Pradhan[58]等主要做了土的循环剪胀特性方面的实验；T. Majid和M. A. Nour[59]等通过实验分析了在边坡稳定计算中怎么考虑土的剪胀特性。陈守义[60-61]等是国内最先做有关土的剪胀特性实验研究的。

土体的剪切膨胀特性主要由下面几种机制所控制：①土体发生剪切膨胀的关键原因是土体颗粒互相越过或顶起；②剪切缩小的关键决定因素是剪力等外在作用力的滑动引发的；③剪切膨胀和剪切缩小是由于土颗粒的大小与形状方向在特定剪切下产生的；④剪切缩小的另一个关键因素是土体颗粒被压碎或胶结作用被

破坏。这四种机制在一种或几种不同的剪切过程中发生综合效应且相互作用。

试验发现砒砂岩在剪切过程中，含水量、粒径不同，表现出的剪缩、胀规律也存在差别[62-65]。分别以试验的大组粒径P1试样和小组粒径P3试样为例进行分析。砒砂岩在不同含水量下的剪缩、胀变化如图5-18和图5-19所示，从图5-18可见P1试样的法向—剪切位移曲线均符合典型的剪胀曲线[66]，即在剪切开始阶段，表现出剪缩，随着剪切位移的增大，表现出剪胀性。但在不同含水量作用下，法向—剪切位移的变化规律各不相同。图5-18（a）所示是当含水量为5%（较低含水量）时，在剪切开始阶段表现出剪缩性，且较明显，随着剪切位移的增大，表现出剪胀性，符合典型的剪胀曲线；图5-18（c）所示是当含水量为11%时，在剪切开始阶段出现较轻微的剪缩，曲线整体均呈剪胀性。这是由于本试验砒砂岩的干密度控制为1.85 g/cm³，较为密实。根据孔隙均匀化原理：当土体受外荷载后大孔隙优先改变，使得沙土的孔隙趋于均匀，这种大孔隙的均匀化

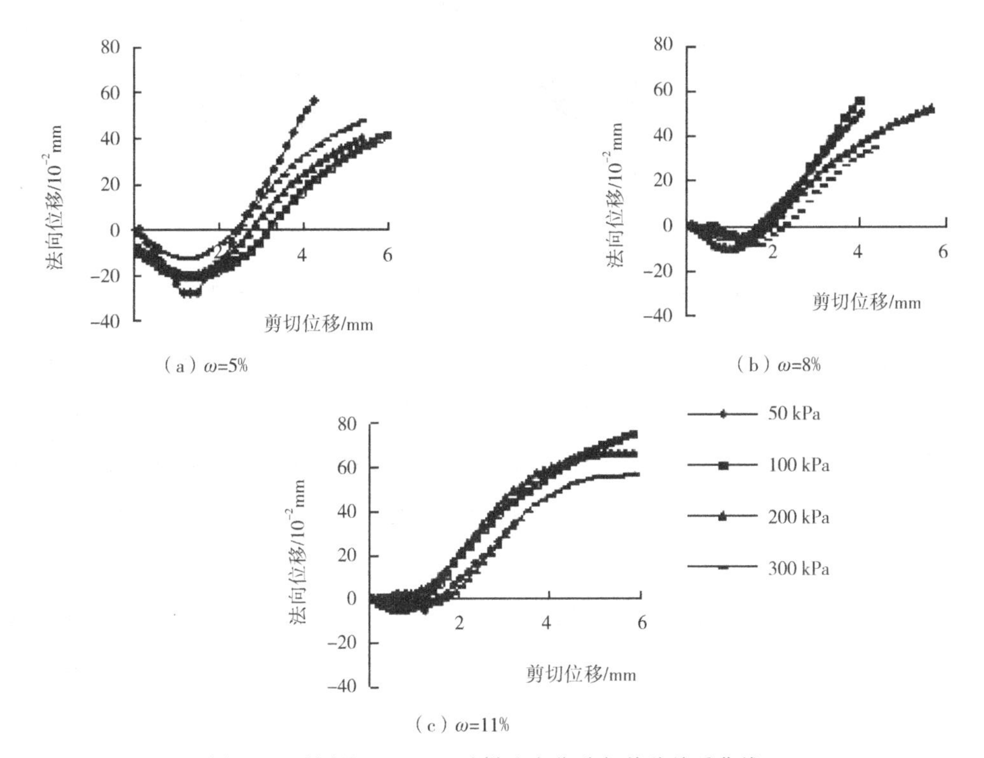

图5-18 粒径≥0.5 mm试样法向位移与剪移关系曲线

宏观上就表现为剪缩；当主应力超过土颗粒的抵抗能力时，结构破坏（颗粒破碎），同时还伴随着颗粒的翻滚、跨越，发生剪切膨胀现象[67-69]。

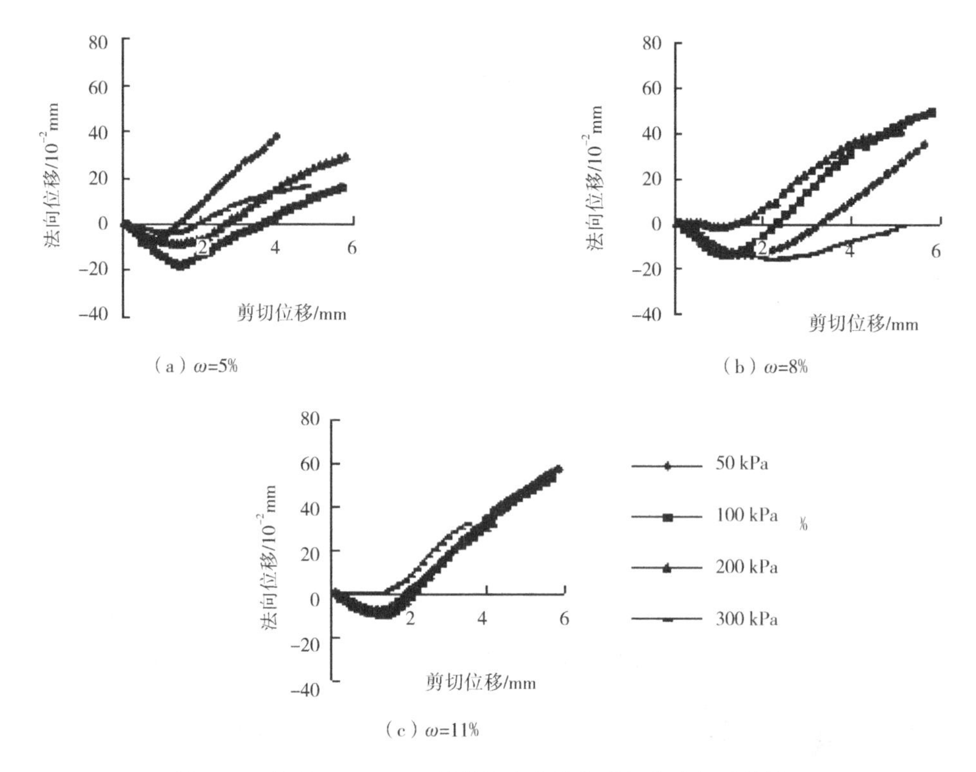

图 5-19　粒径＜0.25 mm 试样法向位移与剪切位移关系曲线

如图 5-18 和图 5-19 所示，在低含水量（5%）条件下，P1 试样在开始剪切阶段出现的剪缩程度要大于 P3 试样，这是由于 P1 组的粒径大于 P3 组，干密度相同的情况下，粒径大，孔隙间距也大，所以孔隙均匀化作用表现明显，剪缩现象显著；对于 P1 试样（见图 5-18），随含水量增加，土壤水分起到了软化颗粒的作用，试样在法向应力作用下较容易产生破碎，使得土壤结构发生变化，同时水膜的润滑作用使得土壤颗粒容易翻滚、跨越，因此在加载初期剪胀的作用越来越明显；对于 P3 试样（见图 5-19），由于颗粒粒径已经很小，所以加载初期颗粒的破碎、翻滚引起的剪胀作用不明显。

在施加竖向荷载时，结构随着主应力的变大而逐渐出现一部分颗粒突变，剪切膨胀主要是由这些突变的土壤颗粒引起的[45]。针对松散沙土而言，较大孔隙均匀化在整个剪切过程中起着决定性作用，所以剪切缩小一直伴随于松散沙土的剪切中。对于较密实的砂，土壤中所含大孔隙较少，因此大孔隙的均匀化只是在加载初始阶段表现明显。随着大孔隙变小，土体变形的决定性因素转变为颗粒的结构改变。实际上大孔隙变小导致的剪切缩小和土体颗粒结构改变导致的剪切膨胀这两种情况同时出现，只是这两种情况在不同剪切阶段发挥的作用不同。

将实测的法向位移、剪切位移数据应用SAS软件进行分析，得到砒砂岩法向位移随剪切位移变化的回归模型：

$$\delta_v = a + b\delta_h + c\delta_h^2 + d\delta_h^3 \tag{5-6}$$

式中　δ_v，δ_h——法向位移、切向位移；

a，b，c，d——系数，与法向应力、含水量有关。

对此回归模型结果进行检验，均显示 $P<0.0001$，R-Square（模型的决定系数）大于0.8762，说明模型有效，可以较好地反映砒砂岩剪切过程的剪胀规律。

根据砒砂岩反复剪切试验可知：

（1）不同粒径砒砂岩的第1次剪切出现明显的应力峰值，表明砒砂岩存在应变软化的现象。随剪切次数增加，剪切应力与剪切位移关系曲线呈微硬化型。粒径不同，砒砂岩剪切强度不同，粒径不小于0.25 mm的砒砂岩抗剪强度和残余强度均最低。

（2）随含水量增加，峰值强度均有所降低。粒径不小于0.5 mm的峰值强度受含水量影响最显著，含水量从5%增到14%，峰值强度降低22.3%。含水量对残余强度的影响具有相似性，所测3个粒径范围组含水量为14%时的残余强度降低显著，远小于其他3个含水量的残余强度值，尤其是粒径不小于0.5 mm的残余强度锐减，含水量从5%增到14%，残余强度降低43.1%。

（3）砒砂岩在反复剪切过程中存在明显的剪缩、胀规律，拟合得到砒砂岩法向位移和剪切位移的函数关系，可以较好地反映砒砂岩剪切过程的位移变化规律。

5.2 常规三轴剪切试验应力—应变曲线

在常规三轴剪切试验的条件下，通过改变砒砂岩重塑土的初始含水量、围压，得到相应的应力—应变的关系曲线如图 5-20 所示。当出现峰值时，选取峰值应力作为抗剪强度值，如无明显峰值时则用对应于轴向应变 $\varepsilon_1=15\%$的值。

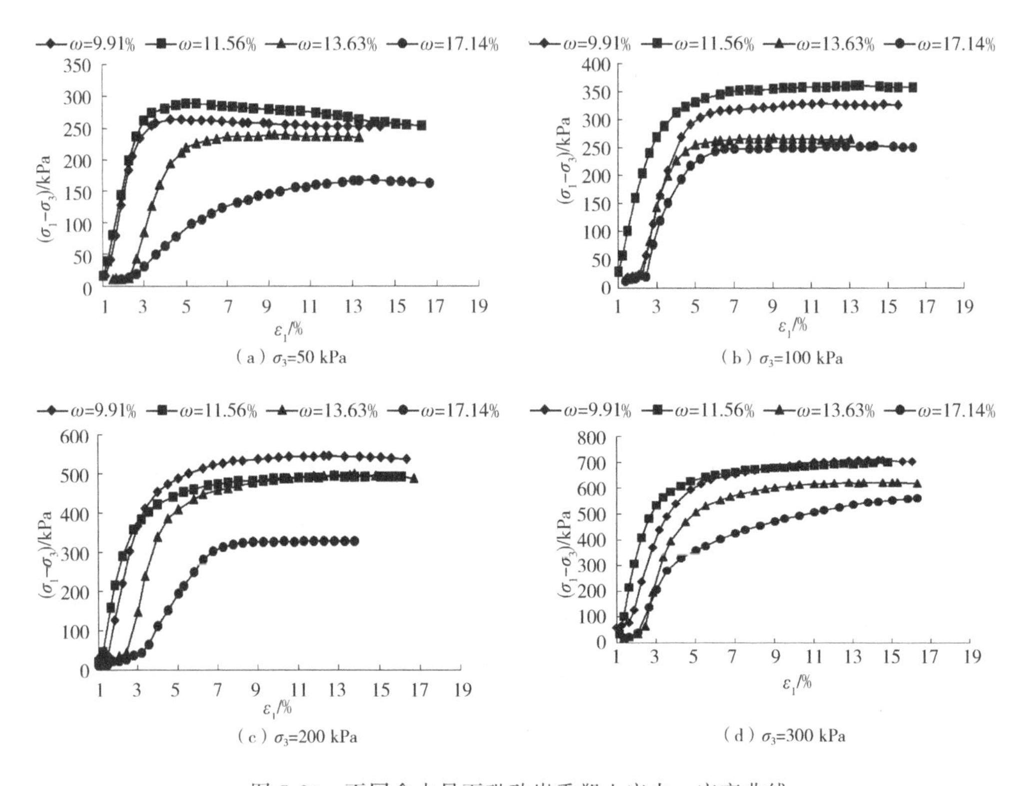

图 5-20 不同含水量下砒砂岩重塑土应力—应变曲线

由图 5-20 可知，只有在低围压 50 kPa 下，砒砂岩土样的应力—应变曲线呈现应变软化型。应变软化型表现为当应变达到一定值时，应力（或应力差）达到一个峰值点，随后应变再增加则应力略有减小。这是由于在低围压下，周围压力对土样初始裂纹的闭合作用减弱，并且抑制再生裂纹的能力也相对较弱，抵抗开裂能力减小，所以在很小的应变值（$\varepsilon_1=4\%\sim6\%$）时就达到剪切峰值，随后进入弹塑性阶段。在高围压下，土体的应力—应变曲线均呈应变硬化型。初始阶段随着应变量的增加，偏应力差值快速增长，土体强度在较小的轴向应变条件下就出现了峰值，随后达到一定的应变值之后，应力值随着应变值的增加持续缓慢增长。这是由于随着周围压力的增加，试样抵抗裂纹生长的能力增加，并且能够抑制试样本身初始裂纹的发展。从土体结构性来说，围压的增加造成较大土体颗粒的破碎并且会约束土体颗粒间的滑动、翻越，使土体更加密实，产生超固结效应。因此，在高围压下，砒砂岩重塑土剪切时轴向变形会相对较小，其应力—应变曲线呈现出应变硬化型。

5.2.1　含水量对抗剪强度的影响

如图 5-21 所示，在围压不变的条件下，砒砂岩重塑土抗剪强度随着含水量的增加而减小，并呈近似线性减小的趋势。由于砒砂岩的矿物组成成分介于土和岩石组成成分之间，它既含有一定比例的粉粒，又含有大粒径的沙粒，所以它的力学性质并不会表现出岩石的脆性性质，也不会像土壤一样呈现较大的黏性性质。因此，其遇水之后抗剪强度的变化一方面是因为在土体干密度为定值的条件下，土体孔隙是不变的，随着含水量的增加，土体饱和程度就越大，在土体含水量增加的情况下，颗粒间的孔隙充满水的程度就越高，而水在孔隙间起到润滑颗粒的作用，造成摩阻力的减弱，进而容易使得破坏面之间产生滑动；另一方面对于处于固态的土体，含水量越小，土颗粒间的黏结力越大，因而抵抗剪切破坏的极限强度也越大，随着含水量的增加，土粒之间的薄膜水厚度增加，颗粒间的黏结力被削弱。因此，在随着含水量的增加土体在相同围压下抗剪强度是不断减小的。

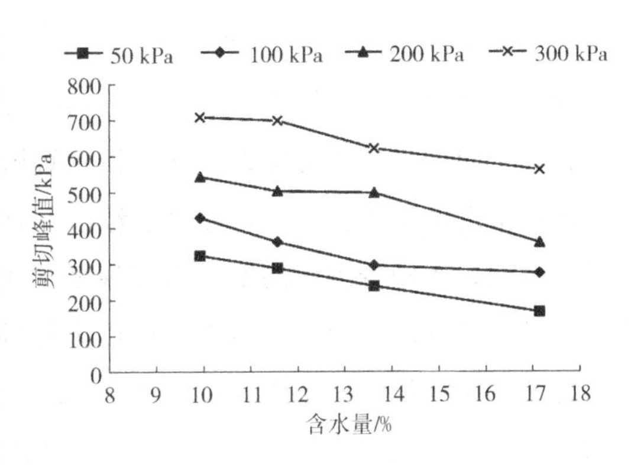

图 5-21　抗剪强度随含水率变化的曲线

5.2.2 围压对砒砂岩重塑土抗剪强度的影响

如图 5-22 所示，在不同的含水量下围压直接影响着砒砂岩的抗剪强度，随着围压的增大，其抗剪强度峰值呈现近似线性增长的趋势。这是因为随着围压的增加，在单位体积中大尺寸颗粒间接接触点少，接触点上应力加大，颗粒容易被压碎。在土壤颗粒被压碎之后，颗粒粒度更趋于均匀化，达到一种新的颗粒级配，并且在周围压力的作用下土颗粒会重新进行排列且变得更加密实，颗粒与颗粒之间的间距会更接近，导致颗粒间相互作用力加大，所以抗剪强度值随着围压的增大而增加；另外，在含水量、土质成分一定的条件下，土体的摩阻系数是不变的，当随着围压的增加间接地增加了土体剪切破坏面之间的竖向压力，而围压越大这种摩阻力就会越大，所以土体的抗剪强度是与围压成正比关系的。又因随着围压的增大，土体内部本身存在的微裂缝闭合，并且围压还会抑制新裂纹的产生，这样就增加了土体的整体性，从而提高了土体的抗剪强度。

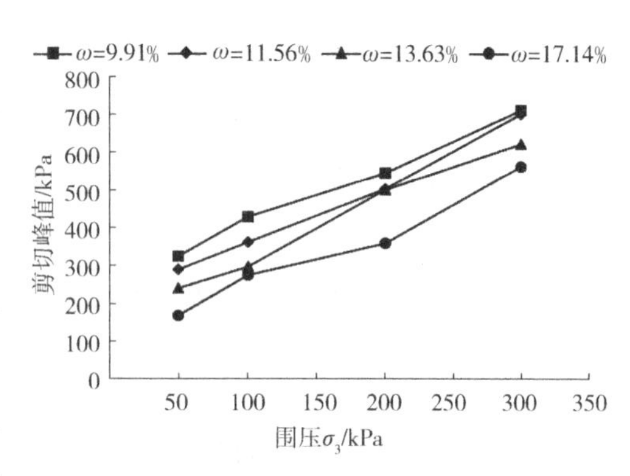

图 5-22 抗剪强度随围压变化的曲线

5.2.3 基于邓肯-张模型的砒砂岩重塑土本构模型

材料的应力—应变非线性关系产生于两个方面[70,71]：一方面是指材料的性质随着应力和（或）应变的增加而产生的变化；另一方面是指材料产生大变形而反映出来的特性。本文主要从第一方面着手，借助邓肯-张模型参数、依靠常规的三轴剪切试验即可确定这一优势，建立以围压、含水量为影响因素的砒砂岩重塑土本构模型。

1. 砒砂岩重塑土邓肯-张模型的建立

基于常规三轴剪切试验的应力—应变曲线，根据邓肯-张模型计算得出相应的模型参数，其主要参数为弹性模量 E 和泊松比 ν。邓肯-张模型中切线变形模量

E_t的确定采用 Kondner（1963）的建议，即常规三轴试验中的应力差$\sigma_1-\sigma_3$和轴向应变ε_1（压缩为正）之间的非线性关系可以用双曲线函数描述：

$$\sigma_1-\sigma_3=\frac{\varepsilon_1}{a+b\varepsilon_1} \tag{5-7}$$

式中　a，b——与土性有关的参数；

σ_1，σ_3——围压值，kPa；

ε_1——轴向应变值。

将试验结果整理成以$\varepsilon_1/(\sigma_1-\sigma_3)\sim\varepsilon_1$表示的关系，则式（5-7）可以改写成为

$$a+b\varepsilon_1=\frac{\varepsilon_1}{\sigma_1-\sigma_3} \tag{5-8}$$

将试验数据点绘制在$\varepsilon_1/(\sigma_1-\sigma_3)\sim\varepsilon_1$坐标系中，可得图 5-23 所示的近似线性关系，通过线性拟合可以算出参数a、b，a为直线的截距，b为直线的斜率。

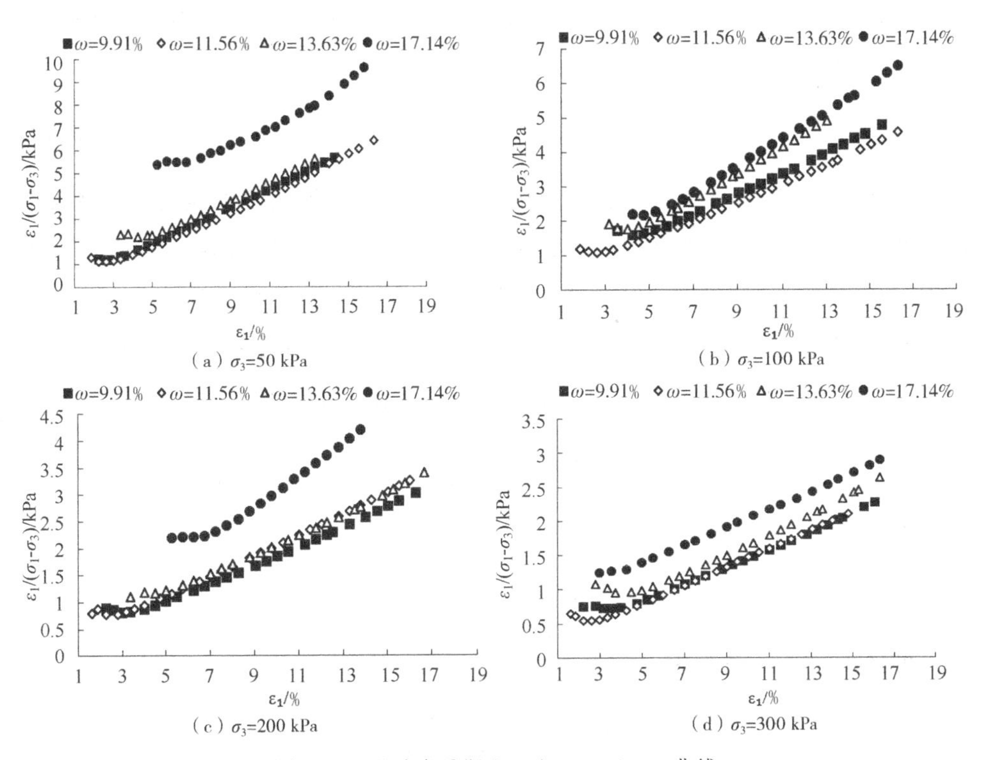

图 5-23　砒砂岩重塑土$\varepsilon_1/(\sigma_1-\sigma_3)\sim\varepsilon_1$曲线

在常规三轴试验中，由于 $d\sigma_2 = d\sigma_3 = 0$。根据应变—应力弹性理论，可定义切线变形模量 E_t 为

$$E_t = \frac{d\sigma}{d\varepsilon_2} = \frac{d(\sigma_1 - \sigma_3)}{d\varepsilon_1} \tag{5-9}$$

式中 $d\sigma$、$d\varepsilon_1$——轴向应力增量和轴向应变增量。所以，切线变形模量就是图 5-20所示曲线上任一点的切线斜率。将式（5-8）代入式（5-9）得

$$E_t = \frac{a}{(a + b\varepsilon_1)^2} = \frac{1}{a}[1 - b(\sigma_1 - \sigma_3)]^2 \tag{5-10}$$

当应变很小时，试件的变形处于弹性变形阶段 $\varepsilon_1 = 0$，$E_t = E_i$，则初始弹性模量 E_i 为

$$E_i = E_t = \frac{1}{a} \tag{5-11}$$

当 $\varepsilon_1 \to \infty$时，偏应力差（$\sigma_1 - \sigma_3$）趋近于渐近值（$\sigma_1 - \sigma_3)_{ult}$，将（$\sigma_1 - \sigma_3) \to (\sigma_1 - \sigma_3)_{ult}$代入式（5-8），有

$$(\sigma_1 - \sigma_3)_{ult} = \frac{1}{b} \tag{5-12}$$

根据式（5-12）可知，系数 a、b 是描述式（5-8）所表示的应力—应变关系曲线形态的重要参数。在常规三轴试验中规定应力—应变关系曲线的峰值为土的强度（$\sigma_1 - \sigma_3)_f$，如无明显峰值时采用对应于轴向应变 $\varepsilon_1 = 15\%$的值。由渐近线理论可知土的极限抗剪强度（$\sigma_1 - \sigma_3)_{ult}$，在数值上始终会大于土样的强度（$\sigma_1 - \sigma_3)_f$。此时，定义（$\sigma_1 - \sigma_3)_f$和（$\sigma_1 - \sigma_3)_{ult}$的比值为破坏比 R_f，有

$$R_f = \frac{(\sigma_1 - \sigma_3)_f}{(\sigma_1 - \sigma_3)_{ult}} \tag{5-13}$$

由式（5-12）和式（5-13）可将 b 进一步表示为

$$b = \frac{R_f}{(\sigma_1 - \sigma_3)_f} \tag{5-14}$$

可将式（5-8）整理为

$$\varepsilon_1 = \frac{a(\sigma_1 - \sigma_3)}{1 - b(\sigma_1 - \sigma_3)} \tag{5-15}$$

再将式（5-15）、式（5-11）、式（5-14）代入式（5-10）可得

$$E_t = \left[1 - \frac{R_f(\sigma_1 - \sigma_3)}{(\sigma_1 - \sigma_3)_f}\right]^2 E_i \tag{5-16}$$

综上述可以计算出参数 a、b 和 R_f，见表 5-11。

表 5-11　模型参数 a、b，初始弹性模量、极限抗剪强度、抗剪强度和 R_f

试验编号	围压 /kPa	含水量 /%	a	b	相关系数	E_i/kPa	$(\sigma-\sigma_3)_{ult}$	$(\sigma_1-\sigma_3)_f$	R_f
1	50	9.91	0.003 3	0.003 6	0.973 7	303.03	277.78	263.61	0.95
2	50	11.56	0.004 6	0.003 2	0.968 5	217.39	312.5	288.87	0.92
3	50	13.63	0.010 7	0.003 2	0.955 3	93.46	312.5	240.07	0.77
4	50	17.14	0.026 7	0.005 2	0.956 7	37.45	192.31	167.52	0.87
5	100	9.91	0.003	0.002 7	0.971 6	333.33	370.37	329	0.89
6	100	11.56	0.004 5	0.002 4	0.977 3	222.22	416.67	361.73	0.87
7	100	13.63	0.005 3	0.002 7	0.966 3	188.68	370.37	296.76	0.8
8	100	17.14	0.023 5	0.003 2	0.969 7	42.55	312.5	273.66	0.88
9	200	9.91	0.002 8	0.001 6	0.980 5	357.14	625	545.77	0.87
10	200	11.56	0.003 2	0.001 8	0.982 9	312.5	555.56	494.3	0.9
11	200	13.63	0.004 1	0.001 7	0.974 4	243.9	588.24	499.42	0.85
12	200	17.14	0.022 4	0.001 8	0.963 5	44.64	555.56	358.28	0.65
13	300	9.91	0.002 2	0.001 2	0.966 7	454.55	833.33	710.58	0.85
14	300	11.56	0.002 5	0.001 2	0.976 3	400	833.33	700.79	0.81
15	300	13.63	0.003 2	0.001 4	0.984 7	312.5	714.29	622.99	0.87
16	300	17.14	0.008 2	0.001 7	0.983 3	121.95	588.24	562.52	0.96

2. 模型参数的验证

为研究参数 a、b 与含水量 ω 和围压 σ_3 之间的关系，根据表 5-11 计算得出的数据，将不同条件下参数 a 和 b 的值利用 SPSS 软件进行多元线性回归分析，得出的参数 a、b 为

$$a = -0.019 - 0.000\ 026\sigma_3 + 0.002\omega \tag{5-17}$$

$$b = 0.003 - 0.000\ 009\sigma_3 + 0.000\ 1\omega \tag{5-18}$$

从式（5-12）、式（5-13）可以看出邓肯-张模型参数 a 和 b 与试样的含水量正相关，与试样的围压负相关。并且从线性回归分析得出含水量和围压的 sig 值

分别为0.043和0.000 007可知，含水量ω和围压σ_3对参数的影响都达到显著性水平。将式（5-17）、式（5-18）分别代入式（5-20），可得

$$\sigma_1-\sigma_3=\frac{\varepsilon_1}{a+b\varepsilon_1}=\frac{\varepsilon_1}{f(\omega,\sigma_3)+g(\omega,\sigma_3)\varepsilon_1} \tag{5-19}$$

其中：

$$f(\omega,\sigma_3)=-0.019-0.000\,026\sigma_3+0.002\omega$$

$$g(\omega,\sigma_3)=-0.003-0.000\,009\sigma_3+0.000\,1\omega$$

从式（5-19）可以看出试样的抗剪强度随着围压的增大而增大，随着含水量的增大而减小，符合试验结果。回归分析得到的参数值与实测值进行对比说明：回归分析结果与试验计算结果吻合较好，参数a的线性回归系数$R=0.881$，b的线性回归系数$R=0.942$。

3. 模型的验证

从图5-24和图5-25中参数a与b的吻合程度可以看出，回归分析结果与试验结果基本吻合，说明了回归模型参数a、b值具有一定的可靠性。为进一步验证模型的可靠性，选取任意一含水量组作为验证组，本文以含水量15.2%作为验证组。利用回归分析得出参数a和b的本构方程，然后计算出15.2%含水量下的参数a和b，然后再结合上述模型计算出偏应力差（$\sigma_1-\sigma_3$）的预测值，最后与实验值进行对比。由图5-26可知，该模型计算值与实测值基本吻合，也进一步说明了根据实验分析回归参数的可靠性。

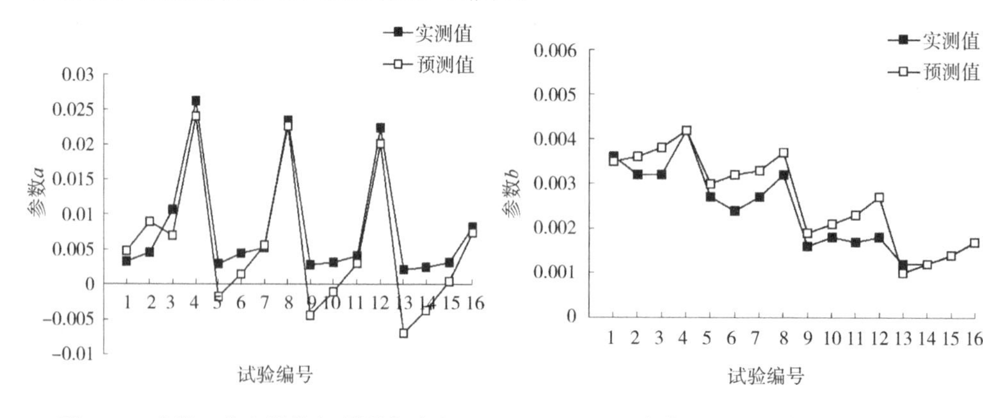

图5-24 参数a的实测值与预测值对比　　图5-25 参数b的实测值与预测值对比

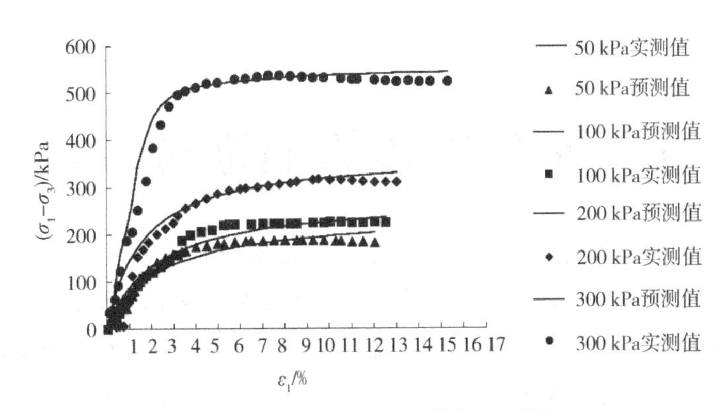

图 5-26　$(\sigma_1-\sigma_3)\sim\varepsilon_1$ 实测值与预测值对比

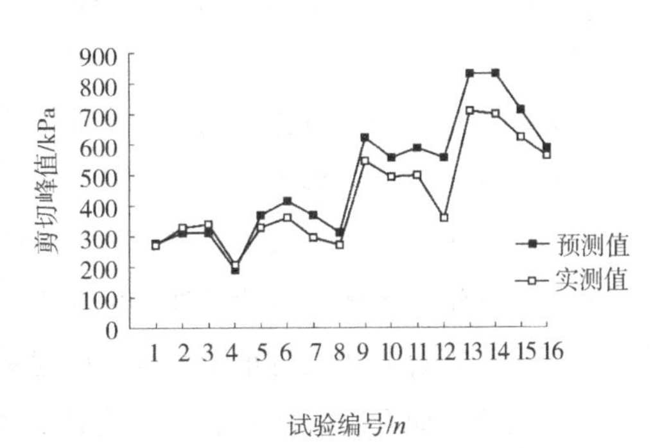

图 5-27　砒砂岩预测强度与实测强度对比

由图 5-27 可得：通过上述模型预测的极限破坏强度与相同试验条件下实测破坏强度的拟合，通过编号 1～4试验曲线可以很清楚地看到在围压 50 kPa 下，极限破坏强度略小于破坏强度，$R_f=0.98\sim1.09$，均值为 1.05，说明在低围压下砒砂岩重塑土偏应力与轴向应变呈现应变软化型，也符合 3.1 试验结果所得的应力—应变曲线。其余的在高围压下极限破坏强度始终大于破坏强度，更进一步地说明在围压较大的情况下，砒砂岩重塑土的变形曲线呈应变硬化型。综上述可知，砒砂岩重塑土的应力—应变曲线与一般的粉土、沙土呈完全应变硬化型发展是有所区别的。

根据重塑砒砂岩常规三轴剪切试验可得到以下结论。

(1) 砒砂岩重塑土在低围压下，应力—应变曲线近似应变软化型；在高围压下，表现出典型的应变硬化型。在加载初期，土体近似线弹性变形阶段，随后随着应变值的增大，土体进入弹塑性变形阶段。试样抗剪强度随着围压的增大，呈现近似线性增长的趋势；随着含水量的增大，土样抗剪强度呈线性减小。

(2) 基于邓肯-张模型理论，建立以含水量、围压为控制因素的砒砂岩重塑土的本构模型，且计算出的参数与试验值吻合程度较好，所以可以用此双曲线模型反映砒砂岩重塑土的本构关系。

第6章　原状础砂岩的冻融试验研究

础砂岩区的产沙量是以非径流的冻融风化侵蚀为主形成的[19]。胶结作用对岩石的抗侵蚀能力至关重要，胶结力强的岩石不易被水流破坏，而胶结力弱的岩石则易遭水流的冲刷[9]，岩土体处于正、负温周期变化，水分不断发生相变，因为础砂岩中相对不稳定的化学成分在水的作用下，易发生化学风化作用，影响了础砂岩的强度[7]，同时冻融使岩土体结构更加松散，胶结力变差，加剧础砂岩的风化过程，地层因冻融而发生结构上的变异[7]。冻融循环作为一种温度变化的具体形式，可以被理解为一种特殊的强风化作用，对土体的物理力学性质有着强烈的影响[72-75]。

础砂岩在冻结的过程中，岩土体从冷源方向（地表）开始向下逐渐冻结，岩土体颗粒间的水由结合水变为固态冰，体积膨胀加大了固体颗粒之间的间距。随着温度的回升，冻结岩土体在自然条件下由地表竖直向下开始逐渐融化，岩土体内部颗粒以不同下沉组合方式进行重新组合，引起颗粒间的重新排列，使得岩土体的孔隙特征发生变化。而孔隙的变化必然导致岩土体骨架特征发生相应的变化，使传力结构的体系发生内部位移，造成结构性变化，常伴随裂隙的产生和发展。在自重和外力的作用下，产生边缘岩土体的剥落和坍塌，造成冻融侵蚀[76-80]。

6.1　原状础砂岩单向冻融[81,82]

以鄂尔多斯地区准格尔旗红色的础砂岩为研究对象，模拟外界自然环境的冻融过程，利用LDMD-A三温冻融循环试验仪进行单向冻融循环试验。选取不同的含水量、不同冻融次数，分析冻融循环对础砂岩变形特性的影响。

6.1.1　试验设备及方法

样品采于内蒙古自治区鄂尔多斯市准格尔旗的圪坨店沟试验区，试样是由野外试验场选取未扰动坡面，将础砂岩挖深至40～50 cm处，制取块状原状土试样，并及时蜡封密存，带回实验室后，将保存完好的土样切削，并打磨试样表面，将原状土样削成直径 100 mm、高 100 mm 的圆柱形标准试样（见图 6-1）。为了测定温度沿试件内部高度的变化规律，在试件的中心部位打孔，上下两个钻孔距离顶、底板分别为 20 mm，中间孔间距为 15 mm。

图 6-2 所示为 LDMD -A 三温冻融循环试验仪构造模型，它是由试样盒、恒温箱和温控系统、温度监测系统、变形量测系统及加压系统组成的。试样盒由外径 120 mm、内径 100 mm、高 200 mm、壁厚 10 mm 的有机玻璃作为侧壁，沿高度每隔 15 mm 设热敏电阻温度计插孔，底板和顶板能提供恒温液循环通道。在有机玻璃试样桶内壁涂上一薄层凡士林，放在底板，桶内放上一张薄型滤纸，把试件平放推入桶内。然后在试样顶面再加上一张薄型滤纸，放上顶板，稍稍加力，使得试样和顶板、底板接触紧密。将试样桶放入箱体，在试样的顶板、底板插上热敏电阻温度计，同时在试样上等距打好的 5 个孔内也插上热敏电阻温度计，试样周侧包裹 5 cm 厚的泡沫塑料保温。在箱体顶部安装位移传感器。试验开始每隔 10 分钟记录下各个孔以及顶板、底板和箱体的温度，并且记录下位移变化。冻结到位移不再发生变化时开始融化，冻结稳定时间一般出现在 4 h 左右；同样融化到位移量不发生变化时停止试验，融化完成时间一般在 6 h 左右；然后进入下一个冻融循环。

图 6-1 砒砂岩标准试样

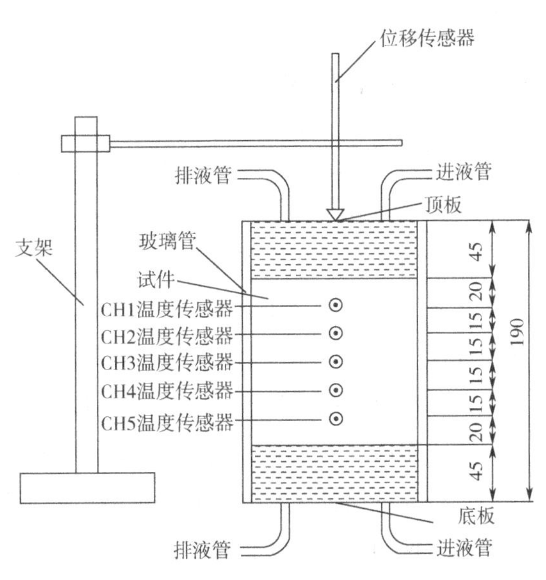

图 6-2 三温冻融循环试验仪构造模型

6.1.2 试验参数确定

由于础砂岩含水量小于8%时，冻融作用不明显[83]，而原状础砂岩饱和含水量为15.01%，所以试验含水量设计在8%～15%。为了测定不同含水量使其对冻融循环产生影响，在取值时，使含水量之间的间隔在1.5%左右。而本次试验所用的土样是原状础砂岩，所以含水量的具体数值并不能精准地控制，将试样放入真空饱和装置进行饱和，然后分别放入烘箱在105 ℃下烘不同时间，静置48 h后，称重测量得到试样含水量分别为8.56%、10.27%、11.53%和13.7%，选择这4个不同含水量的原状础砂岩进行冻融试验。

根据准格尔旗近30年的气象资料及地表实测温度[84]，顶板温度变化，选取秋冬和冬春季节中日温度较低值－17 ℃为冻结控制温度，日温度较高值＋20 ℃为融化控制温度，冻融过程中底板温度、箱体环境温度均控制在＋1 ℃，采用恒温冻结及融化，土样侧面隔热保温，不进行热传导。每隔10 min记录一次数据，冻结和融解结束的时间均以其位移传感器显示的读数趋于稳定为止，根据前期础砂岩试块冻胀和融沉经过一定冻融次数后逐渐趋于稳定，确定每个试件冻融循环次数为8次。

6.1.3 试验结果分析

1. 各测点温度变化时程曲线

每个试样冻融8次，由于各冻融次数下所测试样温度改变时程曲线的趋势基本保持不变，完成一次冻融循环所需要的时间为10 h，10 h后融化时温度的变化趋于平缓，故选取各个含水量下第1次冻融为例，以600 min为冻融一次总时长，如图6-3所示，分别是含水量为8.56%、10.27%、11.53%和13.7%的第一次冻融的时程曲线图。可见顶板CH14、底板CH13、环境温度CH12温度改变最快，短时间就可以到达实验温度规划值，到达规划温度后温度可以继续稳定，可以充分保证试样发生单向冻融。随顶板温度的下降，即从降温开始，从上至下各深度测点的温度依次下降，从图6-3中可见在全部冻胀的进程中，下降起伏较均匀。从时程曲线可以看出，每一个周期的完成大体都经历5个时期，迅速降温、恒温冻结、迅速升温、恒温融化和继续升温的过程。

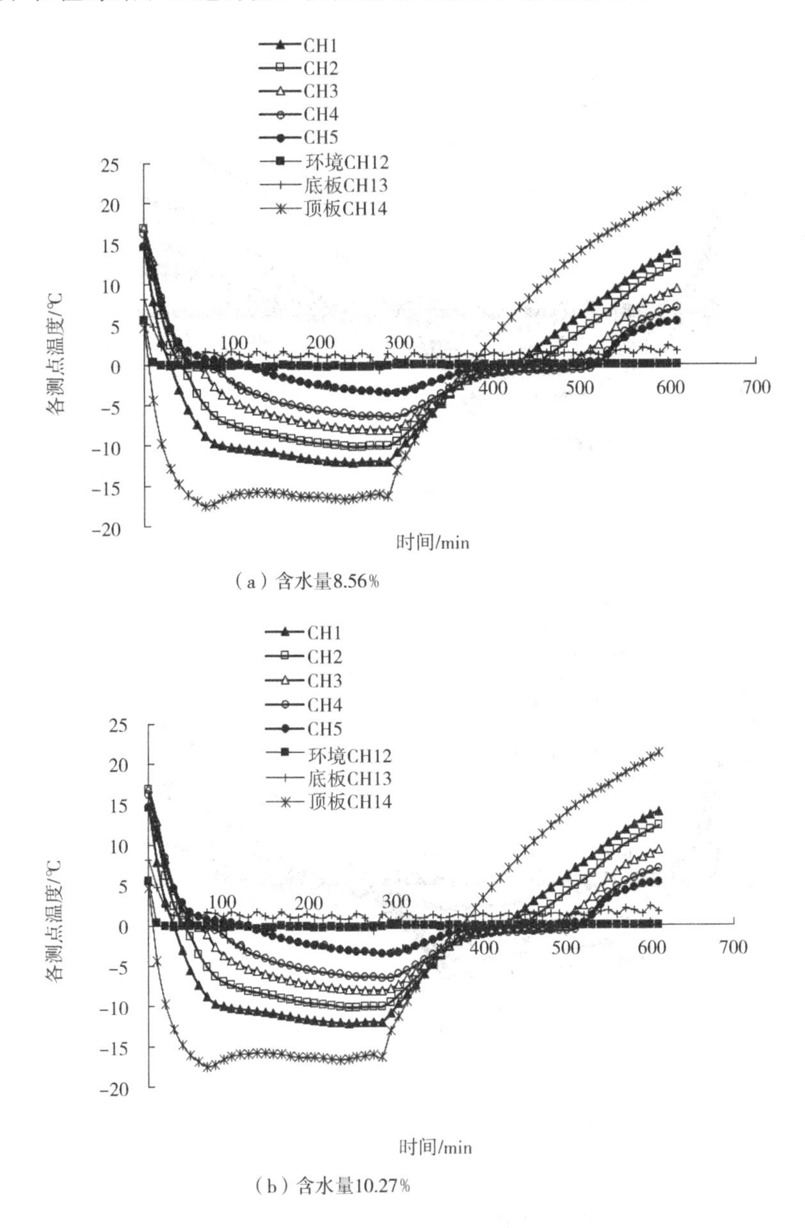

（a）含水量8.56%

（b）含水量10.27%

图 6-3　各测点温度变化的时程曲线

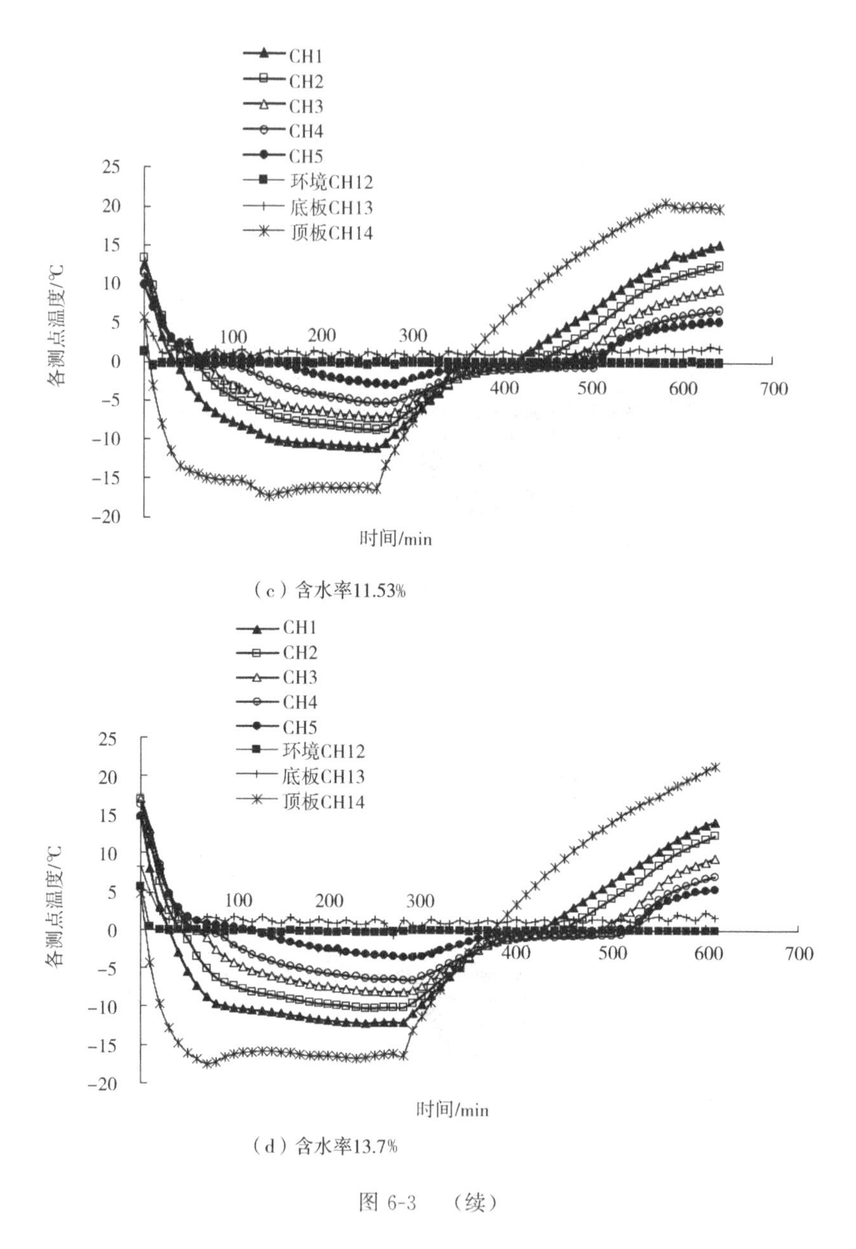

（c）含水率11.53%

（d）含水率13.7%

图 6-3 （续）

2. 冻融过程的温度改变及物态转化

将各含水量下试样所对应各高度测点的温度变化进行整理，由于每个测点的温度每隔 10 min 记录一次读数，所以其中的温差代表 10 min 后温度与 10 min 前的温度的差值，即前段时间处于冻结状态，温差为负值，后半段时间处于融化状态，温度在升高，即温差为正值。由于各含水量冻融温度变化趋势大体相同，于是选取含水量11.53%的第一次冻融为例，由图6-4所示。在（a）图的A阶段，是正温向负温过渡阶段，随负温差增大，累计位移不断增加，变形量逐渐加大。经过50 min（图中第6个数据点），负温差突然减小，出现拐点，测得此时第1测点CH1的温度恰好接近0 ℃时，表明在此处对应的土体内部孔隙水开始冻结，孔隙水由液态转变成固态，析出结冰潜热，土温急剧升高，到此CH1高度处开始进入冻结状态。随着冷端温度的降低，CH2、CH3分别在60 min和

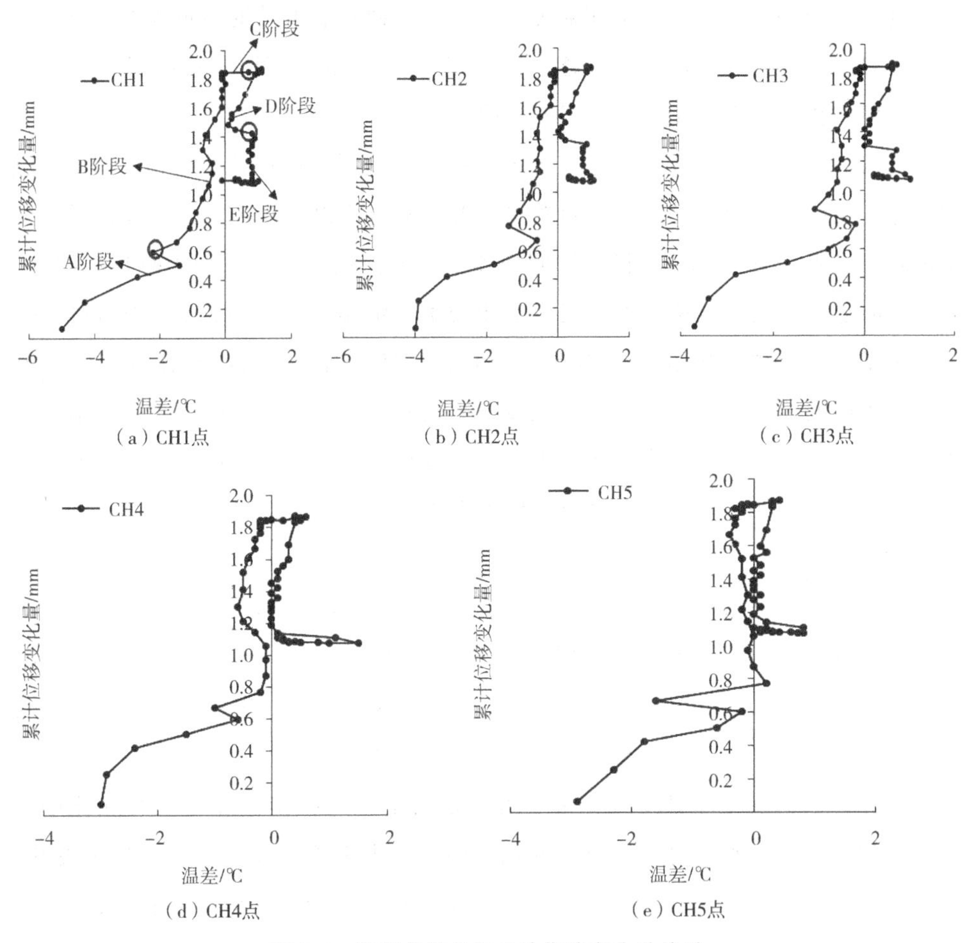

图6-4 各测点温差与累计位移变化量关系

70 min相继出现突变点，所对应高度处的温度均接近 0 ℃，表明结冰潜热析出，由上至下各高度相继进入冻结状态，也表明温度是从上往下均匀传递的。但 CH4 和 CH5 两个测点的突变点发生在 50 min 时，冻结时间比 CH3 提前，这是由于底板温度始终保持在 1 ℃，而 CH4 和 CH5 距离底板距离较近，影响了 CH4 和 CH5 从最初的温度下降的速度，对其造成影响。

进入 B 阶段，温差变化幅度逐渐减小，冻结深入，最后温差接近于 0 ℃后基本保持不变，位移继续上升，即冻胀量一直增加；当累计位移达到 1.846 mm 时，数据点堆积重合，累计位移保持不变，此时土体进入“恒温冻结”阶段。

进入 C 阶段，是负温差向正温差过渡阶段，由负温差转变为正温差，温度升高，正温差急剧变大，但由于位移一直恒定不变，此时试件虽进入“迅速升温”阶段，但融化并没有开始，仍处于冻结状态。

进入 D 阶段后，正温差减小，温度升高速度变缓，位移开始显著下降，有融沉发生，表明土体内冰晶已经开始融化，由固相向液相缓慢转化，导致试样发生了沉降。进入 D 阶段末端，随着时间增加，温度差接近 0 ℃，数据点堆积重合，表明此时温度不变，位移基本不变，土体处于“恒温融化”阶段。过了 D 阶段，又出现了第 3 次温差突变，位移不变，正温差突然增加，表明土体温度突然升高，图中圆圈所标为冻融时温度差突变点；对应图 6-3，测得在 350 min 温度基本保持在 0 ℃左右，突变点对应高度处的温度仍然出现在 0 ℃附近。表明此时土体固相向液相的相变转化已经完成，析出土体原来融化所需热量，使得温度迅速增加。

突变完成，进入 E 阶段，温差稳定在 0.8 ℃基本保持不变，此时升温均匀；位移继续减小，即融沉进一步发展，土体处于“继续升温”阶段。E 阶段末端，温差缓慢减小，表明温度升高非常缓慢，但位移保持不变，表明土体内部融沉变形已经彻底完成，温度的升高已不再改变土体的变形。

至此一个完整的冻融过程完成，可以很清晰地反映土体在冻结和融化中固相、液相相互转变时其内部的热量变化；同时，也很清晰地反映随温度的变化，土体冻结、融化的体积变化过程，而体积的变化必然导致土体骨架特征发生相应的改变，这是造成土体结构性变化的主要原因。

3. 砒砂岩冻融时温度场变化

为研究不同阶段试件温度场的变化，分别选取冻融过程中各阶段各深度层的温度变化情况如图 6-5 所示。在单向冻结温度场中，各阶段底板处温度变化最小；从 B 阶段（恒温冻结）开始到 D 阶段（恒温融化），由于持续低温冻结，大部分土体处于低于 0 ℃温度区，各深度层温度逐渐降低。在 B 阶段和 C 阶段时，土体在底板处最大温度变化仅为 1.5 ℃，而在顶板处温度变化接近 10 ℃，当处于迅速升温状态，即 C 阶段，顶板温度受人为调控，温度上升快，但各测点温度比冻结时低，此时内部各深度层的冰晶还未融化，还处于晶体状态；深度的改变，同时也影响了温度的变化，随深度层的降低，温度差也在不断增大。融化时测点距顶板距离越近，温度梯度越大，D 阶段（恒温融化）和 E 阶段（继续升温）的最大温度跨度在 15 ℃左右，随着深度层的不断增加，温度差值逐渐减小，说明 E 阶段时土样内冰晶融化过程基本完成。

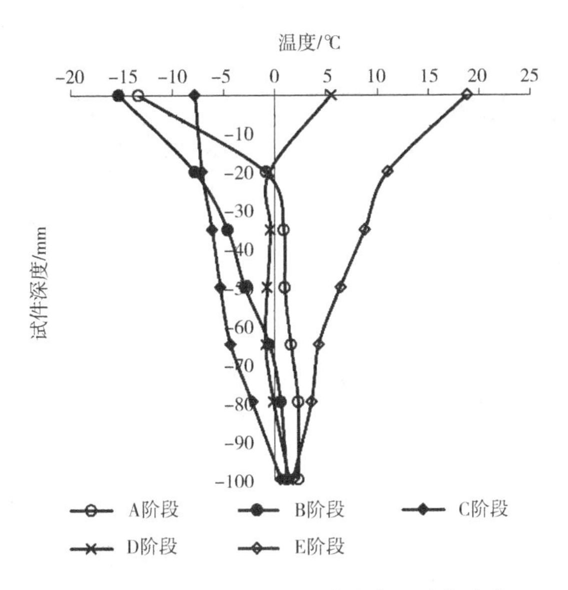

图 6-5　第 1 次冻融循环试件内部温度场变化

4. 冻结过程中砒砂岩冻胀量的变化

冻胀有三个要素，分别是水、负温和冻胀土，冻胀量指的是土试样冻结前后的高度差。砒砂岩在进行冻结过程中冻胀量的发生、发展如图 6-6 所示。当含水量为 8.56%时，冻胀变化很小，位移值分布在−0.055 ~0.462 mm，可见反复冻融对其影响不明显。而当含水率大于 10.27%时，随着冻融次数的逐渐增加，冻胀量呈现出不断增大的趋势，说明当含水量大于 10.27%时，冻胀量会随冻融次数增加而增大。试验所测的砒砂岩试样基本均在降温 0.5 h 时，冻胀量开始出现增长，并逐渐增长加快；但含水量为 8.56%时，试样基本在 2.5 h 时冻胀稳定，然后趋于平稳；当含水量大于 10.27%时，冻胀时间延长到 3.5 h 左右，冻胀增加才有所减缓；可见，含水量的大小对砒砂岩冻胀量达到稳定时间造成了影响。

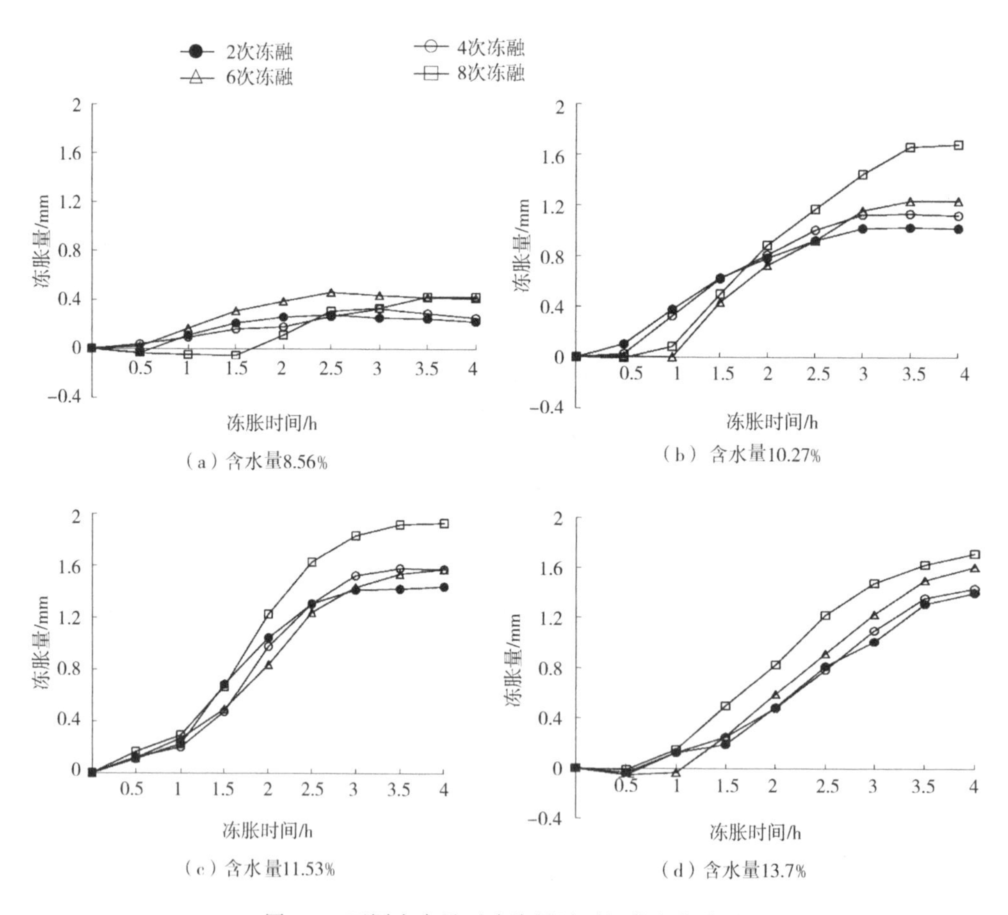

图 6-6　不同含水量下冻胀量随时间的变化关系

5. 相同含水量下冻融次数对冻胀率的影响

由上述分析知：1 次冻融循环，可以导致砒砂岩土体的冻胀和融沉，那么多次冻融循环将如何影响砒砂岩结构的变化。为研究砒砂岩在不同冻融次数下的冻胀最大变形，引入冻胀率。冻胀率是 1 次冻结完成后，冻胀量稳定值或者是最大值与试件初始高度的比值，即冻胀率是指单位高度的冻胀量，由公式计算：

$$\eta_f = \frac{h - h_0}{h_0} \times 100\% \tag{6-1}$$

式中　h_0——试件初始高度，mm；

h——试件冻结稳定后的高度，mm；

η_f——冻胀率，%，计算至 0.01。

将试件进行 8 次冻融循环，分别研究了第 2、4、6、8 次冻融循环次数的不同含水量下，砒砂岩的冻胀率变化情况如图 6-7 所示。当含水量为 8.56%和 10.27%时，冻胀率随冻融次数增加而增大。表明在反复冻融的过程中，随着固相、液相的转化和水分迁移，土颗粒经过了重新排列，并且所用试件干密度经测得在 2.08～2.11 g/cm^3，砒砂岩属于高密实度土体，所以冻融使得土体体积不断变大；含水量为 11.53%和 13.7%，冻融大于 4 次时，冻融次数增多，使得冻胀率趋于平缓，可以看出，含水量大于 11.53%时，并非冻融次数越多冻胀率越大。对于冻胀率，含水量不是单一的影响因素；冻融增大到一定次数，增加了土粒之间的润滑作用，影响了土粒的重新排列和密实，并且第 1 次冻融时的冻胀率明显小于其他冻融次数的冻胀率，含水量不断增大，冻胀率也逐渐趋于平稳。

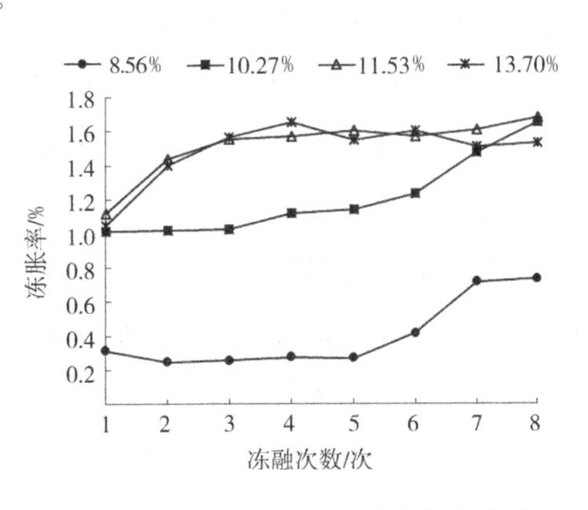

图 6-7　冻胀率随冻融次数变化的关系

6. 相同冻融次数下含水量对冻胀率的影响

在冻胀的影响因素中，含水量是影响较大的因素，而影响冻胀的水分主要是土体中未冻水的质量分数，所以土体的冻胀变化特征是和土体中未冻水的质量分数变化紧密联系的，并且含水量对土体微结构刚度起到了控制作用。从图 6-8 中可见，含水量大于 10.27% 时，冻胀率明显大于含水量为 8.56% 时的冻胀率。说明砒砂岩的含水量在 8.56%～10.27%，存在一个阈值，当含水量大于阈值时，砒砂岩试样的冻胀率在 1%以上，冻胀明显；而当试件的含水量较小，在阈值以下时，

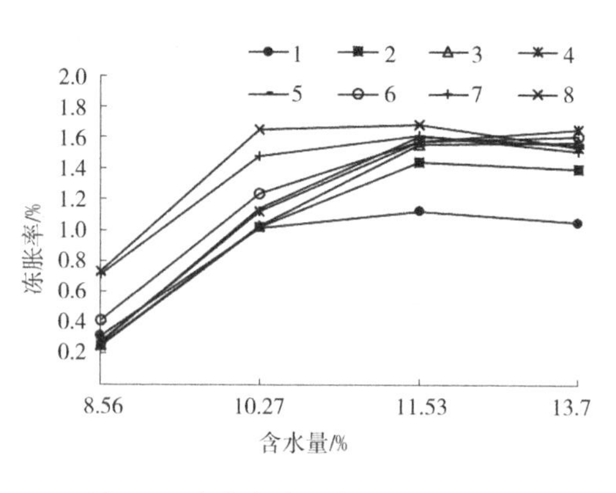

图 6-8 冻胀率随含水量变化的关系

冻结过程中试样内只有孔隙冰，而没有结构冰，水变成冰对试件体积影响较弱，冻胀率在 1%以下；两个较小含水量的冻胀率是随冻融次数的增加在逐步增大，这一点从图 6-7 中可以体现出来。而另外两个含水量在第 2 次冻融循环时，冻胀率增加，然后逐渐趋于平缓；这是土体内部结构发生变化，冻融次数增加，土粒之间胶结力变强，起到骨架作用，使得冻胀率增加，然而冻融作用进一步起作用，临时作用消失，土粒向稳定状态过渡，即在自重的影响下，原状土的冻胀率随着冻融次数的增加，呈现出先增大后减小，最终趋于平缓的趋势；并且随着含水量的增加，原状土的冻胀率也在增大。冻结过程中冻胀率与冻融次数的关系见表 6-1。

表 6-1 冻结过程中冻胀率与冻融次数的关系

含水量/%	二者关系式	相关系数
8.56	$\eta=0.0212n^2-0.1222n+0.4141$	0.923 9
10.27	$\eta=0.0182n^2-0.076n+1.0888$	0.982 9
11.53	$\eta=0.0154n^2+0.1965n+1.0282$	0.847 4
13.7	$\eta=0.027n^2+0.2899n+0.8661$	0.854 7

7. 不同含水量下融沉量随时间变化的影响规律

在冻胀 4 h 后开始融化，融化温度为 20 ℃，冻融次数的变化选取与冻胀时相同，冻融次数选取 2 次、4 次、6 次、8 次。融沉量是指冻结的土试样在融化前后的高度差，以试件冻胀结束后开始计算，试件由于侧面被束缚，所以只产生

纵向变形。从图 6-9（a）～（d）中可以看出，在刚开始融化的第 1 个小时内，随着含水量的增大，融沉量的值由负值逐渐转变为正值，即含水量影响着原状砒砂岩试件初始融沉的变化，含水量越大，试件一开始产生的膨胀体积越大。前两个含水量偏小时，冻融次数对融沉量变化影响较大，随着冻融次数的增大，融沉量也在不断增加，第 8 次冻融时融沉量达到最大值；含水量较大时，经过冻融之后试件的融沉量增大，冻融次数增加，融沉量变化不明显；如在含水量为 13.7%，融沉随时间稳定 6 h 后，第 4 次冻融的融沉量为－1.41 mm，第 8 次冻融的融沉量为－1.526 mm，所以从 4 次冻融到 8 次冻融之间融沉量的差别不大。

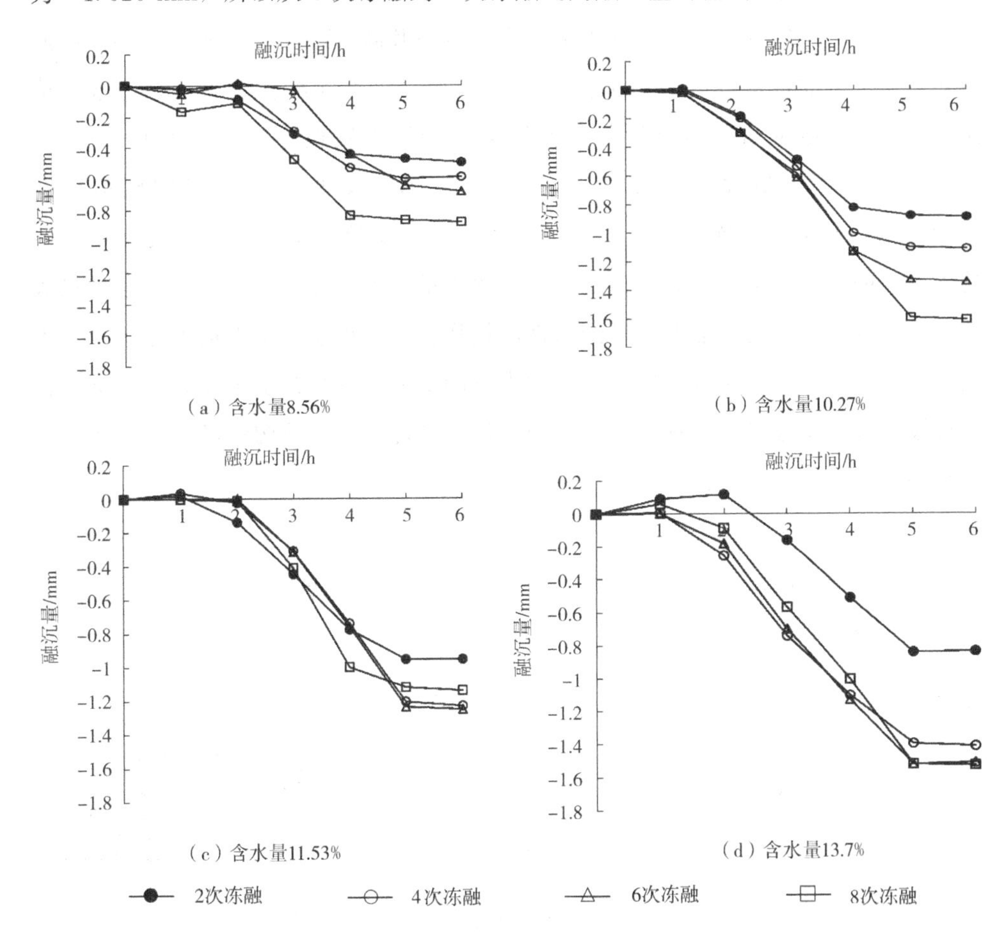

图 6-9　不同含水量下融沉量随时间变化的关系

由图 6-9 可以得出：二次冻融的最大融沉量都在 1 mm 内，即冻融次数小，融沉量变化稳定。含水量小时，融沉变化不明显，当含水量为某个阈值范围时，融沉量是随着冻融次数的增加而增大；随着时间增加，所有的融沉量都趋于稳定值。

8. 不同冻融次数下含水量对最大融沉量的影响

因为 6 h 后融沉趋于稳定，所以最大融沉量取的是融化 6 h 后的位移变化（取绝对值），从图 6-9 中可以看出融沉时间与融沉量之间的关系。如图 6-10 所示，能看出含水量的增大导致最大融沉量的增加。但在含水量为 10.27％时，经过多次冻融之后融沉已经到达最大值，含水量的升高对融沉没有太大影响。由此得知，含水量的增加会导致最大融沉量的增加，而当含水量增加到某一限定值时，含水量对融沉的影响力降低。从图 6-11 中可以发现，含水量从 10.27％到 11.53％过渡时，最大融沉量的变化趋势平缓下来，即此含水量的阈值应在 10.27％到 11.53％。冻融次数较少时，最大融沉量随含水量增大呈现出增大后趋于稳定的现象；冻融次数增多，较小的含水量就可以使得最大融沉量达到最大值。这是因为每次的冻融循环带给试件的损伤会逐步积累，所以最大融沉量会不断增加，当冻融次数达到 7 次，每个含水量的最大融沉量几乎不变，即使冻融次数继续变大，位移没有出现明显的增加，说明试件内部的结构性已经衰减到一个平缓的趋势。

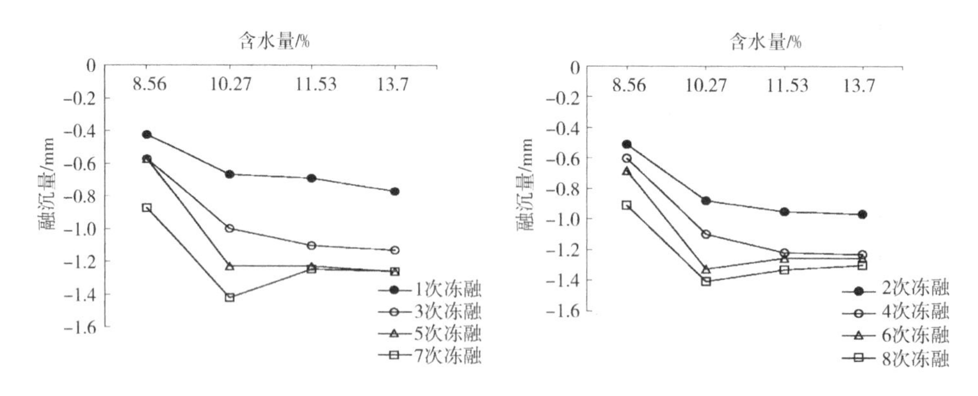

图 6-10 不同冻融次数下融沉量随含水量变化的关系

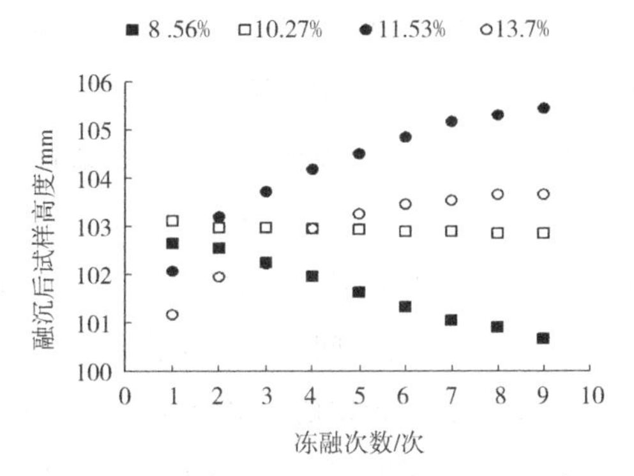

图 6-11　不同含水量下试样高度变化的关系

9. 冻融次数对融沉系数的影响

融沉系数为一定时间内土样融化下沉量与试样初始高度或上次冻融结束后试样高度的比值，即

$$\delta = \frac{\Delta h_0}{h_0} \times 100\% \tag{6-2}$$

式中　δ——融沉系数，%；

Δh_0——试样融化下沉量，mm；

h_0——试样初始高度，mm。

在冻胀 4 h 后开始融化，融化温度为 20 ℃；冻胀结束后，选取融化过程中位移变化稳定时确定融沉量的大小，并根据上次冻融结束后试样高度计算出融沉系数。如图 6-12 所示，同一冻融次数下，大体表现为含水量越高，融沉系数越大；在第一次冻融时，当含水量为 8.56%时融沉系数最低；当含水量大于 8.56%时，融沉系数与初始冻融时的值基本保持一致；当含水量较低时，融沉系数随着冻融次数的增大而增长；当土体含水量随之增大到某一界限含水量时，融沉系数随着冻融次数的增加而趋于平缓，验证了上述所说含水量在 10.27%和 11.53%之间存在一个

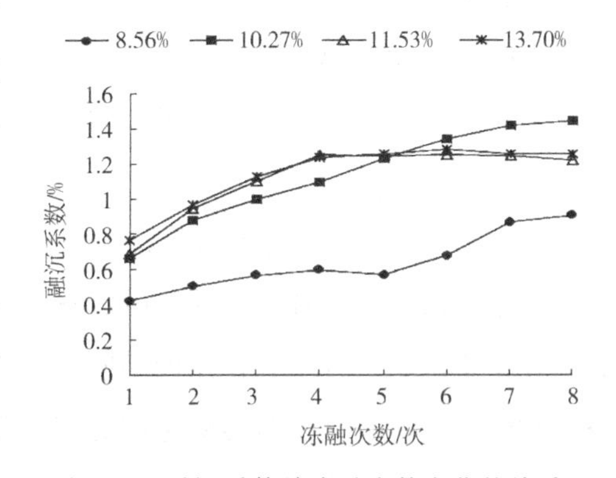

图 6-12　融沉系数随冻融次数变化的关系

“分水岭”；即含水量还未增大到某一限值时，冰晶所占有的体积较大，融化不彻底，冻融对土的压缩性影响发挥不了作用；紧接着反复冻融，内部冰晶不停产生相变，破坏了原有的土体孔隙大小，从而使融沉系数呈线性增大。含水量增大导致融沉系数平缓是由于冻土融化时，融沉量的大小取决于热融沉陷的叠加，冻土受热后使得土体内冰晶融化、体积减小以及水的自由消散引起的沉降变形，随后的冻融改变了土体的性状，导致了土体间颗粒的定向化，所以随着冻融次数的增加，不同含水量的融沉系数都趋向于稳定值。将融解过程中稳定位移变化量与冻融次数关系进行拟合，得出表 6-2。求得不同含水量下冻融次数和融沉系数的关系式。

表 6-2 融解过程中融沉系数与含水量的关系

含水率/%	二者关系式	相关系数
8.56	$\eta=0.0064n^2+0.0082n+0.4427$	0.928 1
10.27	$\eta=0.0093n^2+0.1946n+0.4969$	0.994 8
11.53	$\eta=-0.0239n^2+0.2821n+0.4595$	0.976 1
13.7	$\eta=-0.0196n^2+0.2399n+0.5648$	0.986

用 MATLAB 软件对以含水量和冻融次数为自变量、融沉系数为因变量进行拟合后得出：

$$\eta=-4.426+83.36\omega+0.1139n-354.\omega^2+1.292\omega n-0.01804n^2 \quad (6\text{-}3)$$

式中 η——融沉系数，%；

ω——含水量，%；

n——冻融次数。

用 t 检验以及主因素分析可以得知，ω 对 η 的影响更大，从而得知，含水量是主要的影响因素。

10. 含水量对融沉总变形的影响

经过多次冻融循环，土体的融沉总变形与土质、土体密度、含水量与荷载有关，在整个试验过程中，使用的是同一土质、密度基本相同的试样，荷载源于自身荷载强度，所以含水量是对融沉总变形影响较大的因素。

从图 6-12 中可以看出，砒砂岩试样在不同含水量下表现出两种不同形式的融沉变化，含水量在10.27%以下（包含10.27%）时，呈现出的是压缩变形（变形量为负值）；含水量大于10.27%时，呈现的则是隆起变形（变形量为正值）；并且可以看出含水量13.7%与11.53%的变形量较之要小，所以整个变形即随着含水量的增大表现出先减小后增大最后趋于平稳的状态。为了具体表现出冻融次数变化导致融沉后试样高度的变化，将冻融次数和融沉后试样高度进行拟合，对前两个较小含水量进行指数形式拟合，发现冻融总变形呈现指数形式递减趋势。即 n 次冻融循环后融沉后试样可按指数形式回归为

$$h = \alpha e^{-\beta n} \tag{6-4}$$

式中 h——冻融循环稳定后的试样高度，mm；

n——冻融次数；

α，β——回归参数。

由式（6-4）可知，当 n 趋向于无穷大时，h 趋向于 α，即融沉趋向于稳定，这与上述分析得到的结果相符。对后两个含水率进行对数拟合分析，可以看出两者与对数形式函数具有极高的吻合度，相关系数大于0.97，因此按对数形式回归

$$h = \mu \ln n + \rho \tag{6-5}$$

式中 h——冻融循环稳定后的试样高度，mm；

n——冻融次数；

μ，ρ——回归参数。

由式（6-5）可知，当 n 趋向于无穷时，h 增长极其缓慢，基本上维持稳定不变，表6-3为冻融循环下融沉后高度与冻融次数的关系。

表6-3 冻融循环下融沉后高度与冻融次数的关系

函数形式	含水量/%	起始高度/mm	融沉后高度/mm	相关关系式	相关系数
指数	8.56	102.663	100.67	$h=100.11e^{-0.003n}$	0.991
	10.27	103.124	102.855	$h=102.83e^{-0.003}$	0.865
对数	11.53	102.089	105.455	$h=1.544\ln n+102.1$	0.998
	13.7	101.181	103.667	$h=1.219\ln n+101.1$	0.976

根据原状砒砂岩冻融，可以得到以下结论：

（1）冻融循环过程可以很清晰地反映础砂岩在冻结和融化中固相、液相相互转化时其内部热量的变化；同时也反映随温度的变化，础砂岩冻结、融化的体积变化过程，而体积的变化必然导致土体骨架特征发生相应的改变，这是造成础砂岩结构性变化的主要原因。

（2）冻胀率受含水量影响显著，含水量越大影响越显著。含水量为 8.56%的冻胀率最小，只达到其他含水量的 50%左右。

（3）含水量为 8.56%和 10.27%时，冻胀率随冻融次数变化趋势相似，随次数增加而缓慢增大，但含水量为 10.27%的冻胀率明显大于 8.56%；含水量为 11.53%和 13.7%的础砂岩前 4 次的冻融过程受冻融次数影响显著，随冻融次数增加冻胀率增长较快，冻融次数大于 6 次后，冻胀率趋于平缓。

（4）所有的二次融沉量都小于－1 mm，当含水量在某个阈值范围内，融沉量是随着冻融次数的增加而增大的。

（5）当冻融次数达到 7 次时，试样的融沉系数达到稳定，说明 7 次冻融足以反映土体的反复融沉特性。

（6）础砂岩多次冻融后的总融沉变形趋向于一个稳定值。含水量较小（≤10.27%）时，呈指数形式递减规律；含水量较大（≥11.53%）时，呈对数形式递增规律；无论哪种变化趋势，最终导致的总变形都是一个定量；即冻融次数无限增加，总变形不发生变化。

6.2 础砂岩重塑土的冻融性能[83,85]

在寒区工程中，冻胀和融沉作用是引起寒区工程灾害的主要原因。在一个完整的冻融过程中，土体中的水分在低温环境下发生冻结，土体中的水分以晶体、分凝冰、透镜体、冰夹层等形式存在于土体中，由于水变成冰体积增大 9%，致使土体的体积相应地增大，从而导致地表不均匀上升，发生冻胀现象；当冻结稳定以后随着环境温度的升高，土体中的冰逐渐融化，融化之后的孔隙水排出土体之中，土体在自重或者外荷载作用下发生融沉现象。础砂岩土体工程再利用过程中的物理、水理以及力学特性均随着冻融循环作用而发生变化。由于冻融过程中土体物理特性的改变对上部建筑物的稳定性有着直接的影响，如房屋倾斜及变形、铁路路基变形、公路翻浆冒泥以及边坡失稳等。在多年冻土以及季节性冻土地区，由于冻融作用引起的工程灾害对国民经济和人们的生产生活造成了巨大的损失，不仅缩短了建筑物的使用年限，致使道路运行条件变差，而且需要国家和政府投入大量的劳动力以及资金对其进行维护。

6.2.1　试验装置

冻融试验在高低温交变试验箱 H/GD-WJS-100L 内进行，整个试验装置由冻融箱、制冷系统、冻融试样筒、温度监测系统、位移监测系统等几部分组成，图 6-13 所示为冻融试样装置示意图。冻融箱的制冷方式为风冷，箱体温度控制范围为－30～＋40 ℃，精度为 0.1 ℃；冻融试样筒为表面包裹 3 cm 厚泡沫保温材料的不锈钢筒，束缚试样的横向变形，保证试样发生纵向一维冻胀和融沉变形，试样上部覆盖 0.3 mm 的厚铁板，保证在传递冷源的同时避免试样含水量的损失；在试样垂直方向安装精度为 0.01 mm 的百分表，以获得试样的冻胀和融沉变形；沿垂直方向在试件的上部、中部和下部各安装一只热敏电阻温度计，以监测冻融过程中试样的温度变化。

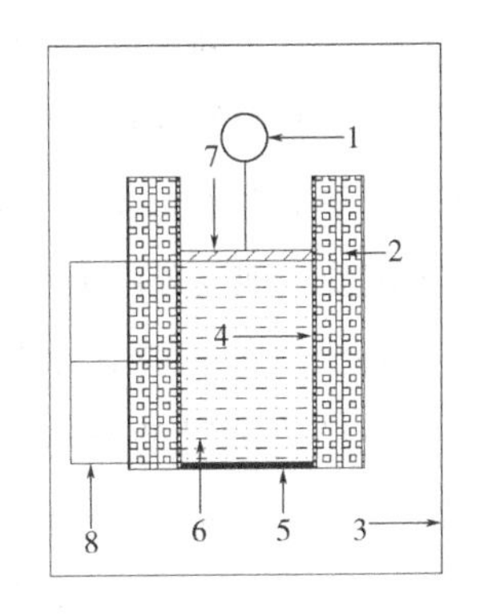

图 6-13　冻融试样装置示意图

1—刻度盘；2—保温材料；3—冻融箱体；4—试样筒；5—透水石；6—试样；7—0.3 mm 厚铁板；8—热敏电阻温度计

6.2.2　试验设计

试验土样仍选自内蒙古自治区鄂尔多斯市准格尔旗薛家湾南部的圪坨店沟实验区，该地区属于典型的干旱半干旱气候，地下水位较低，水分供给不足，因此在试验中采取封闭的系统，即冻融过程中无水源补充。试验土样其液限和塑限分别为 29.3%、19.6%。

试验土样为砒砂岩风化土，制备满足《土工试验方法标准》（GB/T 50123—1999）（2007 版）规定，将砒砂岩烘干后过筛（筛孔直径为 2 mm），取筛下足够土样放入干燥器。为防止易溶盐成分及其浓度对试样冻融过程产生影响，试验中的试样是由蒸馏水与干土配制而成的。根据试样筒的容积和试验干密度计算所需干土质量，再由干土质量和含水率计算所需蒸馏水，在此基础上将干土和蒸馏水进行混合配样，然后将配好土样置于塑料袋中密封静置 12 h，防止水分流失并保证水分在土样中的均匀分布。将配制好的土样装入试样筒内，利用两头压实法制得直径为 61.8 mm、高度为 145 mm 的圆柱体试样（见图 6-14），以保证所得试样干密度和含水量的均匀分布，从而减小试验结果的离散型。冻融试验的试样经验算，其干密度误差不大于±0.01 g/cm³，含水率误差不大于 0.5%，均在允许误差范围内，每组试验处理设置两个重复，取平均值作为最终试验的测定结果。

图 6-14 试样尺寸

为全面系统地研究含水量、干密度、冻结温度对砒砂岩冻融的影响，本试验采用全面的试验。含水量的数值范围：采用砒砂岩的天然含水量 8%作为含水量最小值，以试样的饱和含水量 16%作为含水量上限，以 1%的幅度递增。冻结温度的考虑：由于在冻结温度高于土体的冻结温度时，土体不发生冻结。因此，在选取冻结温度范围时，同时考虑了土中水的冻结温度以及要注意几个冻结温度具有一定的间距，以便使试验结果具有一定的普遍性和实用性；再综合考虑试验地区的温度条件，选取−5 ℃、−10 ℃、−15 ℃和−20 ℃ 4 个不同的温度冻结，采用 20 ℃进行融化。干密度的取值：以自然干密度 1.74 g/cm³ 为下限，标准击实的最大干密度 1.85 g/cm³ 为上限，中间插入 1.77 g/cm³、1.80 g/cm³，具体实验方案见表 6-4。

为尽可能准确地反映土体在冻融过程中的竖向变形，装样前在试样筒内壁均匀地涂抹一层凡士林，以减小试样筒内壁对试样在竖直方向上位移的阻碍作用。在试样筒底板上放置一块透水石及一张薄型滤纸，然后将试样装入试样筒内，让其自由滑落在底板上，在试样顶面再加上一张薄型滤纸和 0.03 mm 厚的铁板，然后放上顶板并稍稍加力，以使试样与顶板、底板紧密接触。将装有试样的试样筒固定在冻融箱中的固定架上，沿垂直方向在试样的上部、中部和下部各安装一只热敏电阻温度计，试样筒周侧包裹3 cm厚的泡沫塑料保温。将百分表的测量头放于试样中央，上下拉动百分表挡帽，确保测量头与试样充分接触。调节箱体温度，开始冻融试验，每隔15 min记录一次数据，当监测到冻胀稳定时，停止冻结，然后改变箱体温度，在20 ℃下进行融化，当监测到变形停止时，停止融化，完成一次冻融过程，观察各因素对砒砂岩冻融的影响。并在超景深显微镜下观察试样冻融前、后的表面结构，以便分析冻融作用对试样结构的影响。

表6-4　实验方案

试验编号	干密度/(g·cm^{-3})	含水量/%	冻结温度/℃	融解温度/℃
NO.001～NO.036	1.74	8、9、10、11、12、13、14、15、16	−5、−10、−15、−20	20
NO.037～NO.072	1.77	8、9、10、11、12、13、14、15、16	−5、−10、−15、−20	20
NO.073～NO.108	1.80	8、9、10、11、12、13、14、15、16	−5、−10、−15、−20	20
NO.109～NO.144	1.85	8、9、10、11、12、13、14、15、16	−5、−10、−15、−20	20

6.2.3　试验结果分析

1. 砒砂岩冻融时程曲线

图6-15所示为在封闭环境下，干密度分别为1.74 g/cm^3、1.77 g/cm^3、1.80 g/cm^3、1.85 g/cm^3，冷端温度为−20 ℃时，土体经过一个冻结融化过程的位移变化量与时间的关系曲线，从图中的曲线可以看出，完成一个完整的冻融过程大体可分为以下几个阶段：冻缩阶段，含水量较大时不会发生冻缩现象，随着含水量的减小，土样在冻结开始时会有一个冻缩的过程，主要是由于土颗粒受冷导致收缩，此时冻胀还没有形成，因此土体体积会缩小，产生冻缩现象。冻胀快速增长阶段，当冻结持续一段时间后，土体内的孔隙水冻结成冰，体积增大9%，导致土体体积快速增大，冻胀量明显增加。当含水量特别小时，土体不会发生冻胀现象，有可能产生冻缩现象，产生冻缩现象的原因是土体中水分较少，水分冻结膨胀引起的体积增量不足以抵消土体温度降低引起的冷缩量。在相同冷端温度情况下，冻胀持续的时间长短与含水量多少密切相关，含水量越多冻胀持续时间越长，试验中当含水量在11%以下时，1.5 h冻胀趋于稳定；当含水量为

16%时，2.5 h稳定。冻胀稳定阶段，当土体冻胀量在1 h内试样高度变化小于等于0.02 mm时，认为冻胀稳定，所有土样基本在7 h左右达到冻胀稳定状态；融化下沉，改变冻融机的温度让土样进行融化，冻结的冰变成水，体积快速减小，土颗粒结构重新组合，融沉逐渐趋于稳定，整个冻融作用结束。由图6-15中可以看出当含水量小于等于11%时，冻结量很小甚至为零即不发生冻胀，所以在计算各因素对冻胀率影响的时候只考虑含水量大于11%的土样。

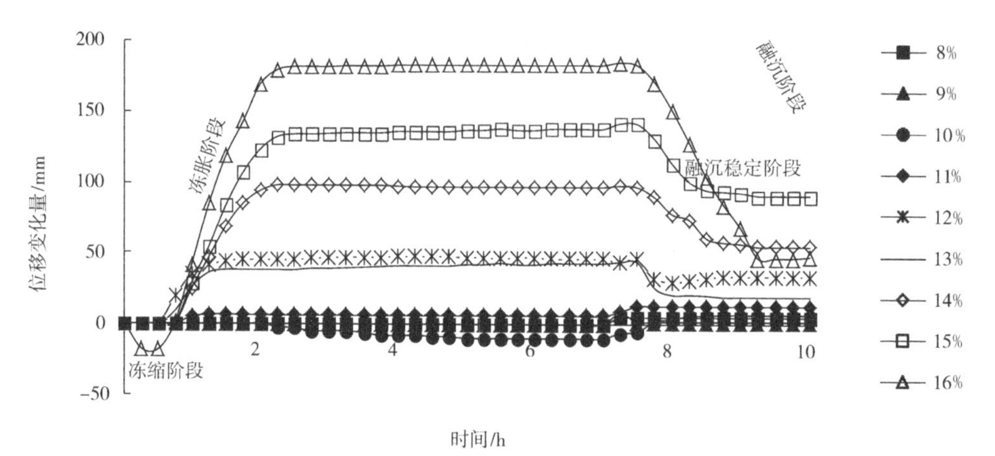

（a）干密度γ=1.74 g/cm³，冷端温度−20 ℃

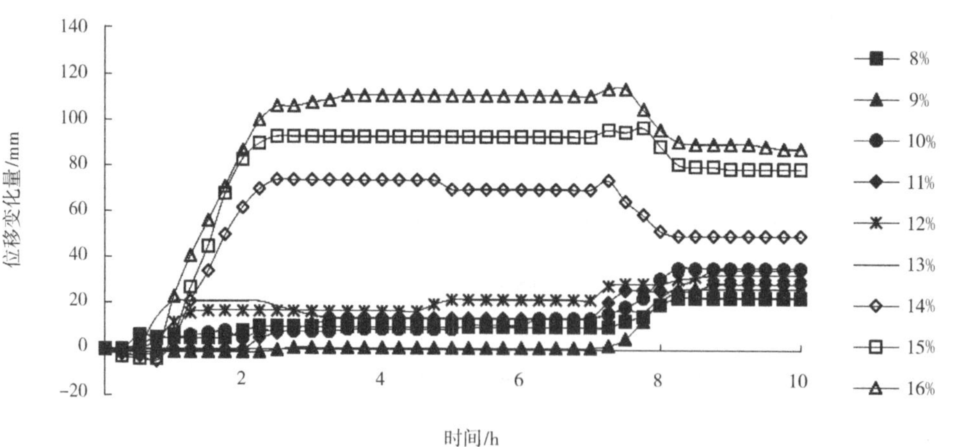

（b）干密度γ=1.77 g/cm³，冷端温度−20 ℃

图6-15 砒砂岩冻融过程中变形时程曲线

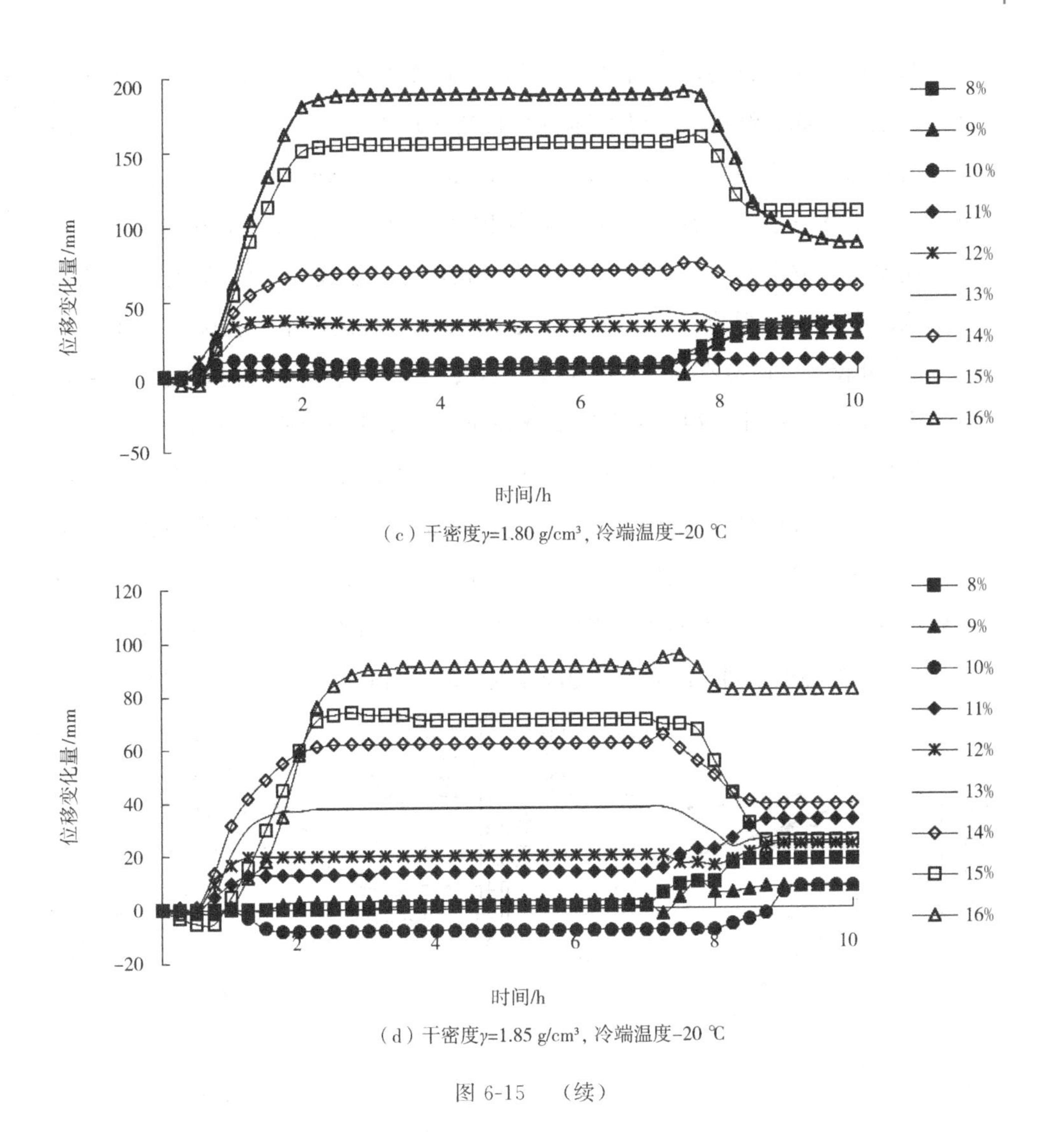

（c）干密度γ=1.80 g/cm³, 冷端温度-20 ℃

（d）干密度γ=1.85 g/cm³, 冷端温度-20 ℃

图 6-15　（续）

2. 冷端温度对砒砂岩冻胀率的影响

如图 6-16 所示，干密度为 1.85 g/cm³ 的砒砂岩试件，在较低冻结温度下，试验过程中土样的冻胀量较小，冻结温度为－20 ℃时，冻胀量为 0.71 mm；而当冻结温度按－15 ℃、－10 ℃、－5 ℃逐渐升高，冻胀量也相应地按 0.91 mm、1.28 mm、1.67 mm 增大。出现上述现象的原因是，砒砂岩中水分的成冰方式在不同冷端温度下表现不同。冷端温度为－20 ℃时，冻结温度梯度较大，土体中的水冻结成冰的速率较快，冻结时间也较短，砒砂岩试样在经历 2.5 h 后冻胀变形就达到稳定，冻胀结束。当温度逐渐升高到－15 ℃、－10 ℃、－5 ℃时，冻结速率随着温度梯度的降低，冻结速率也随之减小，冻结时间也增加，砒砂岩试样分别将在上述三个冷端温度下的冻结时间增加到 3.75 h、5.75 h 和 6.75 h。同时，冷端温度影响砒砂岩试样中水的成冰方式，冷端温度为－20 ℃时，孔隙水以胶结成冰方式为主形成的细小分凝冰层均匀分布在试样中，孔隙扩大不超过 9%，冻胀量较小。而冷端温度上升为－15 ℃、－10 ℃、－5 ℃时，砒砂岩中水的成冰方式由胶结成冰作用变为分凝成冰作用，变厚的分凝冰层间隔地分布在砒砂岩试样中；此时冰的体积远远超过了砒砂岩中的孔隙，其冻胀量也增大。由图 6-16（a）也可以看出，干密度为 1.85 g/cm^3 的砒砂岩试件的冻胀率也与其冻胀量具有相同的规律。而干密度为 1.80 g/cm^3、1.77 g/cm^3 和 1.74 g/cm^3 的试件，由图 6-16（b）、（c）、（d）可知，试样的冻胀率与冷端温度的关系与干密度为 1.85 g/cm^{3}时截然不同，即冻胀率随冷端温度的升高而减小。而且在1.74 g/cm^3、

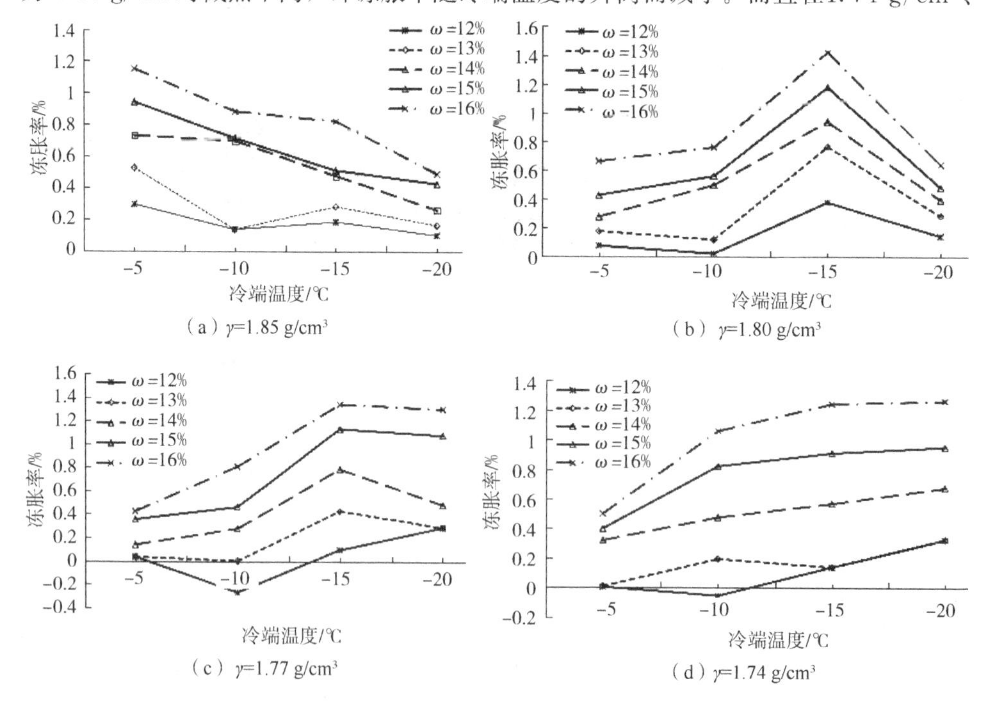

（a）γ=1.85 g/cm^3　（b）γ=1.80 g/cm^3　（c）γ=1.77 g/cm^3　（d）γ=1.74 g/cm^3

图 6-16　不同密度砒砂岩的冻胀率与冷端温度的关系

1.77 g/cm³和 1.80 g/cm³三个干密度，均在−15 ℃时冻胀率达到最大。由图 6-16 还可以发现砒砂岩冻胀率与冷端温度的变化曲线的走势不受含水量的影响，而受干密度的影响较大，即冻胀率与冷端温度的变化规律在干密度的 4 个水平下不同，说明冷端温度与干密度存在交互作用。

3. 冷端温度对砒砂岩干密度影响

如图 6-17 所示，砒砂岩原有的稳态在冻融作用下遭到破坏，进而砒砂岩原有的性状也发生了改变，在冻融结束后砒砂岩达到新的稳态，其性质也有所不同。图 6-15 中四个不同冷端温度下（−20 ℃、−15 ℃、−10 ℃、−5 ℃）砒砂岩的冻融时程曲线中在冻融结束砒砂岩达到稳定后，砒砂岩的体积与未冻融试样相比体积都有不同程度的增大，试样的干密度也随之减小，如图 6-17 所示。出现此现象的原因是，干密度为 1.85 g/cm³的砒砂岩试样为干密度最大的试样，在融化下沉的过程中受到土颗粒具有的大黏聚力的阻碍，致使试验结束后，膨胀量大于下沉量。同时试样在不同的温度条件下冻融机理也不同，导致对试样结构的影响也不同，以致即使是相同含水量（16%）、相同干密度（1.85 g/cm³）的试样，在不同的冷端温度下干密度的变化量也不尽相同。在较高冷端温度下（−5 ℃）下，试样的冻胀量最大，同时融沉量也最大，冻融作用对土颗粒的重排列、对土体密实度的影响最大。从图 6-17 中可以看到：随着冷端温度的逐渐降低，冻融后土样干密度的变化量也逐渐减小，但 4 个冷端温度下干密度变化量都较大，冷端温度为−20 ℃时变化量最小也高达 0.253 g/cm³，冷端温度为−5 ℃时变化量最大可高达 0.85 g/cm³。

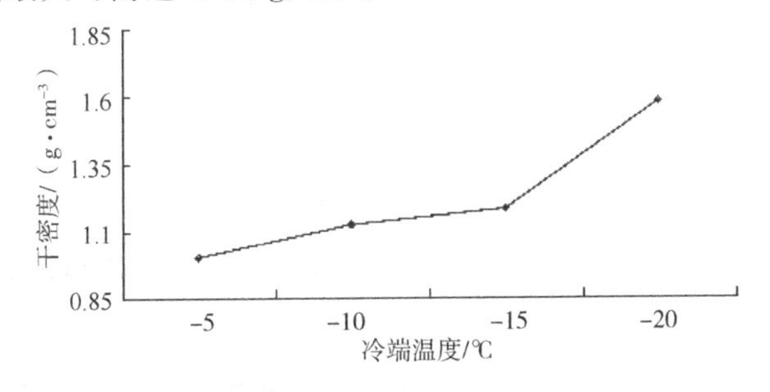

图 6-17　砒砂岩冻融后干密度随冷端温度变化的曲线

4. 冷端温度对砒砂岩抗剪强度的影响

先对干密度为 1.77 g/cm^3 的砒砂岩试样进行不同冷端温度（－5 ℃、－10 ℃、－15 ℃、－20 ℃）下的冻融试验，然后对冻融后的上述试样进行直接剪切试验，与未冻融试样的直接剪切试验结果比较，得到冻融前后砒砂岩试样抗剪强度的变化规律，即抗剪强度指标黏聚力 c 和内摩擦角 φ 的变化规律。采用最小二乘法处理直剪实验数据。

根据库仑公式 $\tau=\sigma\cdot\tan\varphi+c$ 进行拟合，其中把 c 和 φ 看作待定系数。以偏差 $M=\sum_{i=1}^{n}[\tau_i-(\sigma_i\tan\varphi+c)]^2$ 最小为条件，从而确定 c 和 φ 值。结合高等数学的多元函数求极值的方法即可得到 M 为最小时的 c 和 φ 值。先求 M 分别对 c 和 φ 的一阶偏导数并令所求得的两个偏导数为 0，如下式：

$$\frac{\partial M}{\partial c}=-2\sum_{i=1}^{n}[\tau_i-(\sigma_i\tan\varphi+c)]=0 \tag{6-6}$$

$$\frac{\partial M}{\partial \varphi}=-2\sum_{i=1}^{n}[\tau_i-(\sigma_i\tan\varphi+c)]\times\sigma_i\sec^2\varphi=0 \tag{6-7}$$

式中 σ_i——每组 4 个土样中的实验数据 σ，$i=1$，2，3，4；

τ_i——每组 4 个土样中的实验数据 τ，$i=1$，2，3，4。

求解式（6-6）和式（6-7），可解得

$$c=\frac{\sum_{i=1}^{n}\sigma_i\sum_{i=1}^{n}(\tau_i\sigma_i)-\sum_{i=1}^{n}\sigma_i^2\sum_{i=1}^{n}\tau_i}{\left(\sum_{i=1}^{n}\sigma_i\right)^2-n\sum_{i=1}^{n}\sigma_i^2} \tag{6-8}$$

$$\varphi=\arctan\left[\frac{\sum_{i=1}^{n}\tau_i\sum_{i=1}^{n}\sigma_i-n\sum_{i=1}^{n}\tau_i\sigma_i}{\left(\sum_{i=1}^{n}\sigma_i\right)^2-n\sum_{i=1}^{n}\sigma_i^2}\right] \tag{6-9}$$

由式（6-8）、式（6-9）计算干密度为 1.77 g/cm^3 的砒砂岩试样直接剪切实验数据，求得未冻融试样和 4 个不同冷端温度下（－5 ℃、－10 ℃、－15 ℃、－20 ℃）的 c 和 φ 值，由于通过后面含水量对砒砂岩冻融特性的研究发现，含水量为 8%～11%的砒砂岩试样冻胀率几乎为 0，所以表 6-5 只列出了含水量为

12%～16%的未冻融和冻融砒砂岩试样的黏聚力 c 与内摩擦角 φ 值，见表 6-5 和表 6-6。

表 6-5　砒砂岩未冻融试样与冻融试样的黏聚力

含水量/%		12	13	14	15	16
冷端温度/℃	未冻	11.5	8.31	7.22	3.88	6.12
	−5	10.06	11.79	7.49	10.18	10.75
	−10	10.23	3.02	4.77	9.9	5.48
	−15	13.33	8.16	6.98	4.99	2.19
	−20	15.53	18.74	12.39	12.59	15.81

表 6-6　砒砂岩未冻融试样与冻融试样的内摩擦角

含水量/%		12	13	14	15	16
冷端温度/℃	未冻	18.28	19.05	21.97	23.78	21.75
	−5	15.59	14.97	20.28	18.93	19.65
	−10	19.4	22.42	23.36	19.68	18.26
	−15	12.27	16.24	18.36	22.04	21.63
	−20	6.58	3.52	10.26	9.45	2.24

由表 6-5 可知，所研究含水量为 12%～16%的砒砂岩试样经过一个冻融循环后，黏聚力与冷端温度没有明显规律，冻融试样的黏聚力与未冻融试样相比，含水量为 12%的砒砂岩试样，冷端温度为−5 ℃和−10 ℃时，黏聚力减小，冷端温度为−15 ℃和−20 ℃时，黏聚力增大；含水量为 13%～16%的砒砂岩试样表现出相同的规律，冷端温度为−10 ℃和−15 ℃时，黏聚力减小，冷端温度为−5 ℃和−20 ℃时，黏聚力增大；冷端温度在−20 ℃时黏聚力均增大。由表 6-6 可知，经过一个冻融循环后，内摩擦角与冷端温度更无明显规律，但从整体观察，除去冷端温度为−10 ℃，含水量为 12%、13%、14%的砒砂岩试样，内摩擦角都减小。

5. 干密度对砒砂岩冻胀率的影响

土体的饱和度除与土体含水量有关外，还受土体干密度的影响，一般情况下土体干密度的增大会使土中空隙减小，从而使得在含水量不变的情况下，高密度的土体的饱和度比低密度的饱和度大。它们之间存在如下的关系式[86]：

$$\omega=\frac{S_r(G_s\gamma_\omega-\gamma_d)}{G_s\gamma_d} \tag{6-10}$$

式中 ω——土体含水率，%；

S_r——饱和度，%；

γ_d——土的干容重，g/cm^3；

G_s——土颗粒的重度；

γ_ω——水的容重，g/cm^3。

式（6-10）表明，在含水量相同的情况下，小密度的土体其孔隙较大，这样为固态冰自由膨胀提供了足够的空间，进而不会使土颗粒之间发生分离；但随着土体密度的增大，土体之中的孔隙减小，自由水占据的孔隙比例上升，提供给固态冰膨胀所需的空间也相应减小，因此土体冻胀性也增大；土颗粒间的团聚条件在土体密度达到某一特定密度时最佳，此时处于土体中水分迁移的最佳状态，促使冻胀量达到最大。图 6-18 给出了砒砂岩试样在冷端温度分别为 −5 ℃、−10 ℃、−15 ℃和−20 ℃时，砒砂岩试样冻胀率与干密度的关系曲线。

从图 6-18（b）、（c）、（d）可以看出，砒砂岩试样的冻胀率随干密度的增大整体呈增大态势，而图 6-18（a）中砒砂岩试样的冻胀率随干密度的增大整体呈减小态势，而且从图 6-18（a）、（b）、（c）、（d）中可以看出，同组图中 5 个不同含水量下，砒砂岩试样的冻胀率与干密度的变化曲线走势相同，而具体到每一幅图之间又有差异，导致这种现象的原因是冷端温度的不同，即砒砂岩试样的冻胀率与干密度的变化规律在冷端温度的 4 个水平下不同，再次说明冷端温度与干密度存在交互作用。在后面的章节将进行数学处理，去除冷端温度的影响，找出干密度对冻胀率的影响效应。

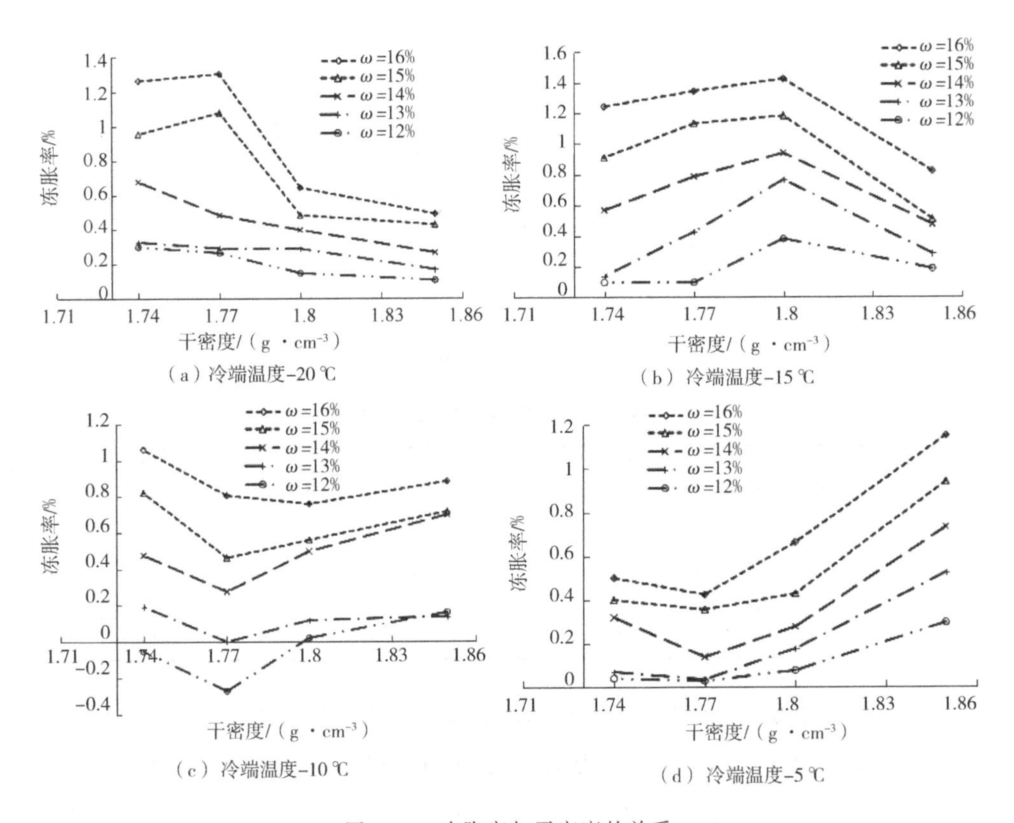

图 6-18　冻胀率与干密度的关系

6. 含水量对砒砂岩冻胀率的影响

对 288 个试件进行冻胀试验后得出：在本试验研究的含水量范围内，含水量为 8%～11%的砒砂岩试件冻胀率几乎为 0，正由于此，前面冷端温度和冻胀率的关系曲线以及干密度与冻胀率的关系曲线中，只有含水量为 12%～16%的 5 条曲线。在冷端温度和干密度不变的情况下，含水量为 12%～16%试件的冻胀率随含水量的增加呈线性增长。从以试验地 30 年气象资料中可以看出，低温天气中，在－10 ℃持续的时间较长[84]。下面给出冷端温度为－10 ℃时试验所研究的 4 种干密度（1.85 g/cm³、1.80 g/cm³、1.77 g/cm³、1.74 g/cm³）的冻胀率和含水量之间的变化曲线（见图 6-19）以及二者之间的关系式（见表 6-7）。

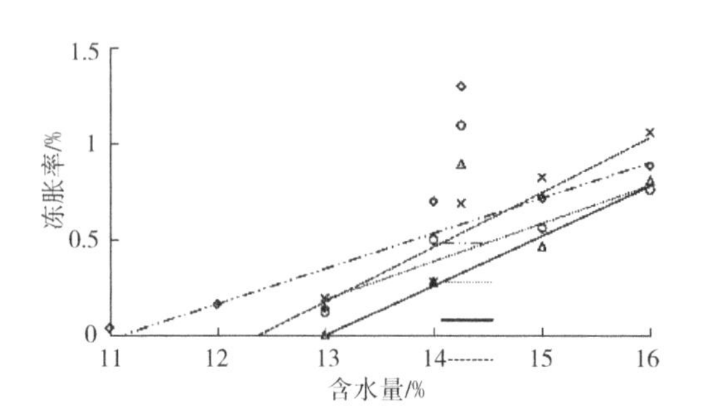

图 6-19 冻胀率和含水量的关系

表 6-7 冻胀率与含水量的关系

干密度/($g \cdot cm^{-3}$)	二者关系式	相关系数	起始冻胀含水量/%
1.85	$\eta=0.1846\omega-2.0544$	0.8890	11.13
1.80	$\eta=0.1986\omega-2.3972$	0.9147	12.07
1.77	$\eta=0.2607\omega-3.3938$	0.9876	13.02
1.74	$\eta=0.2853\omega-3.5360$	0.9490	12.39

在冷端温度为-10 ℃时，干密度为1.85 g/cm^3的砒砂岩试样，含水量增加1%时冻胀率增加0.185；干密度为1.80 g/cm^3的砒砂岩试样，含水量增加1%时冻胀率增加0.199；干密度为1.77 g/cm^3的砒砂岩试样，含水量增加1%时冻胀率增加0.261；干密度为1.74 g/cm^3的砒砂岩试样，含水量增加1%时冻胀率增加0.285。

在已有工程实践中会发现，有的低含水量土体即使土体温度达到土中水的冻结温度，但土体并未发生冻胀。出现上述现象的原因是土体的含水量没有达到冻胀所需的界限含水量，这个界限含水量被称为土的起始冻胀含水量。故对起始冻胀含水率的确定十分必要。而当冻胀试验的其他条件确定不变之后，土体的冻胀量 Δh 将仅是含水量 ω 的单值函数：

$$\Delta h = \varphi(\omega) \tag{6-11}$$

由式（6-11）知，在控制其他条件不变仅改变含水量的情况下，冻胀试验中冻胀量为零所对应的试件含水量为该土的起始冻胀含水量，这个含水量在理论上有且只有一个。在实际试验中，由于人为因素和试验条件会对实验结果造成一定的误差，所以，应将冻胀量等于零或接近于零时所对应试件的含水量作为该土的起始冻胀含水量[87]，用 ω_0 表示。由上述的 4 条回归线，令 $\eta=0$ 确定了 4 个干密度在冷端温度为－10 ℃时的起始冻胀含水率。表 6-8 给出了几种土的起始冻胀含水量。

表 6-8　常见土壤的起始冻胀含水量

土质	中、高液限黏土	低液限黏土	粉质低液限黏土	砂土
ω_0/%	12～18	10～14	8～11	7～9

由表 6-8 可知，砒砂岩的起始冻胀含水量并不在沙土的起始冻胀含水率的范围之内，再者，文献[88]指出砂土的冻胀率都很小，所以，作者认为砒砂岩的岩性由于其特殊的性质不能单纯地从颗粒级配上来定性。其岩性有待更进一步的研究确定。

6.2.4　砒砂岩冻胀特性的敏感性因素分析

为研究各因素对冻胀性影响的显著性，采用正交试验对试验数据进一步分析，以便找到含水率、干密度以及冷端温度对冻胀率影响的显著性次序，为实际工程中更好地预防由于冻胀引起的灾害提供理论依据。

由前文可知，当含水量小于 11%时冻胀率很小，故在做正交试验设计时含水率取 13%、14%、15%、16%；试验的干密度为 1.74 g/cm³、1.77 g/cm³、1.80 g/cm³、1.85 g/cm³；冷端温度为－5 ℃、－10 ℃、－15 ℃、－20 ℃，共需要进行 16 次试验，所以正交表选用 L16（4^5），正交试验设计方案以及在该方案下冻胀试验所得到的对应冻胀率见表 6-9。

表 6-9　正交试验设计方案及对应冻胀率

试验编号	含水率/% (A)	干密度/(g·cm⁻³) (B)	冷端温度/℃ (C)	空白列	空白列	冻胀率 /%
NO.006	1	1	1	1	1	0
NO.051	1	2	2	2	2	0
NO.096	1	3	3	3	3	0.766

续表

试验编号	含水率/% (A)	干密度/(g·cm^{-3}) (B)	冷端温度/℃ (C)	空白列	空白列	冻胀率 /%
NO.141	1	4	4	4	4	0.166
NO.016	2	1	2	3	4	0.476
NO.043	2	2	1	4	3	0.138
NO.106	2	3	4	1	2	0.396
NO.133	2	4	3	2	1	0.476
NO.026	3	1	3	4	2	0.960
NO.071	3	2	4	3	1	1.076
NO.080	3	3	1	2		0.428
NO.125	3	4	2	1	3	0.725
NO.036	4	1	4	2	3	1.262
NO.063	4	2	3	1	4	1.343
NO.090	4	3	2	4	1	0.759
NO.144	4	4	1	3	2	1.151

对试验结果采用方差分析法，具体分析过程见表6-10。

表6-10 冻胀率分析过程

指标	含水率/% (A)	干密度/(g·cm^{-3}) (B)	冷端温度/℃ (C)
均值1	0.233	0.662	0.429
均值2	0.371	0.639	0.487
均值3	0.782	0.587	0.874
均值4	1.129	0.627	0.725
极差	0.896	0.075	0.445

注：极差为该因素下均值的最大值与最小值之差。

为了更加直观明显地反映出各因素（含水量、干密度、冷端温度）对试验指标（冻胀率）的影响规律和趋势，以因素水平为横坐标，以试验指标为纵坐标，绘制各因素与指标的关系图，如图6-20所示。因素与指标趋势图可以更加直观地说明指标随因素水平的变化趋势，可为进一步找出影响冻胀率的显著性因素指明方向。

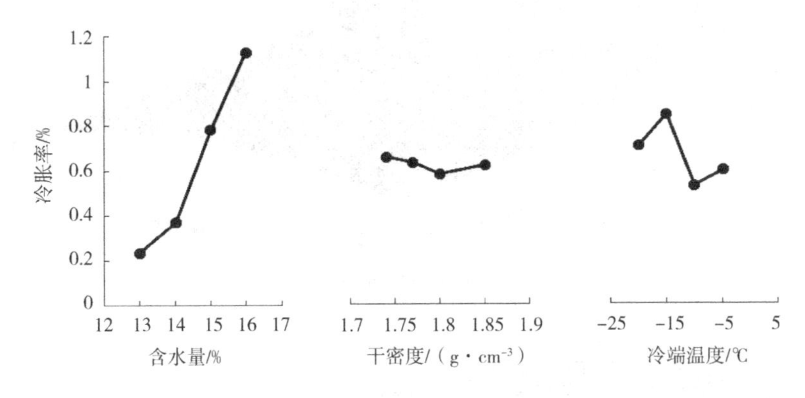

图6-20　冻胀指标随各因素变化的趋势图

把表6-10与图6-20结合起来进行综合分析，可以看出每个因素对冻胀率的影响。从表6-10中三个因素的极差来看，含水量的极差是最大的，冷端温度的极差次之，干密度的极差最小，由此可以说明含水量对冻胀率影响是最显著的，冷端温度的影响次之，干密度的影响最小。同样可以由图6-19中看出含水率从13%增加到16%过程中冻胀率急剧增加；冷端温度从−25 ℃升到−5 ℃过程中冻胀率也有较大的幅度变化；而干密度从1.74 g/cm^{3}增加到1.85 g/cm^{3}过程中冻胀率只有微弱的变化，由此也可以说明含水量对冻胀率的影响是最显著的，干密度对冻胀率的影响是最不显著的。所以在砒砂岩地区施工时，为了防止冻胀作用对建筑物的破坏，必须对其含水量进行严格的控制。

1. 含水量—冷端温度与砒砂岩冻胀率的关系

通过正交试验可知干密度对砒砂岩试件的冻胀率影响不大，现通过MATLAB软件建立4个干密度条件下含水量—冷端温度与砒砂岩冻胀率的关系。图6-21所示为不同干密度条件下含水量—冷端温度与冻胀率的关系。图6-22所示为用CFtool函数工具箱绘制的不同干密度下含水量—冷端温度与冻胀率关系模型的残差分布。

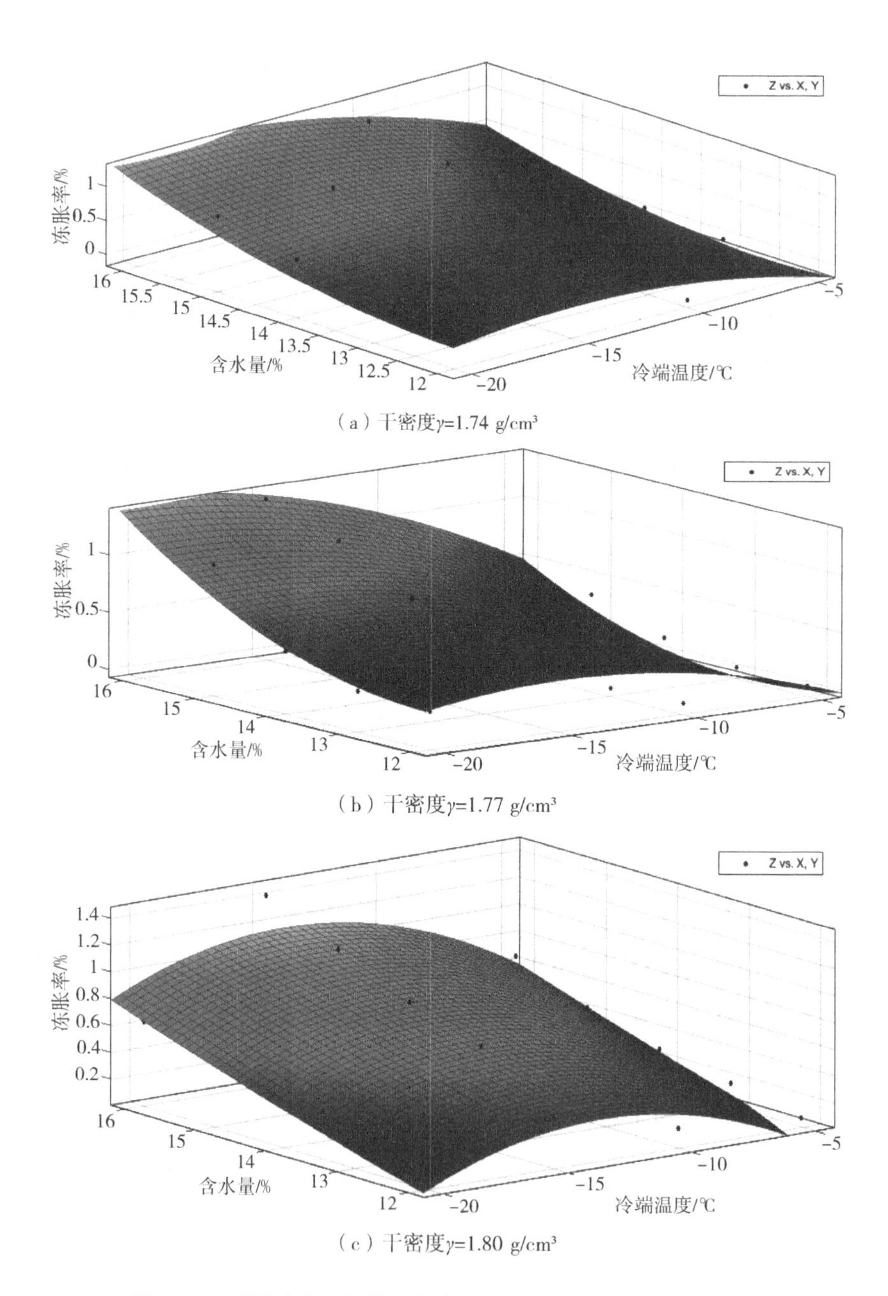

（a）干密度γ=1.74 g/cm³

（b）干密度γ=1.77 g/cm³

（c）干密度γ=1.80 g/cm³

图 6-21 不同干密度条件下含水量—冷端温度与冻胀率的关系

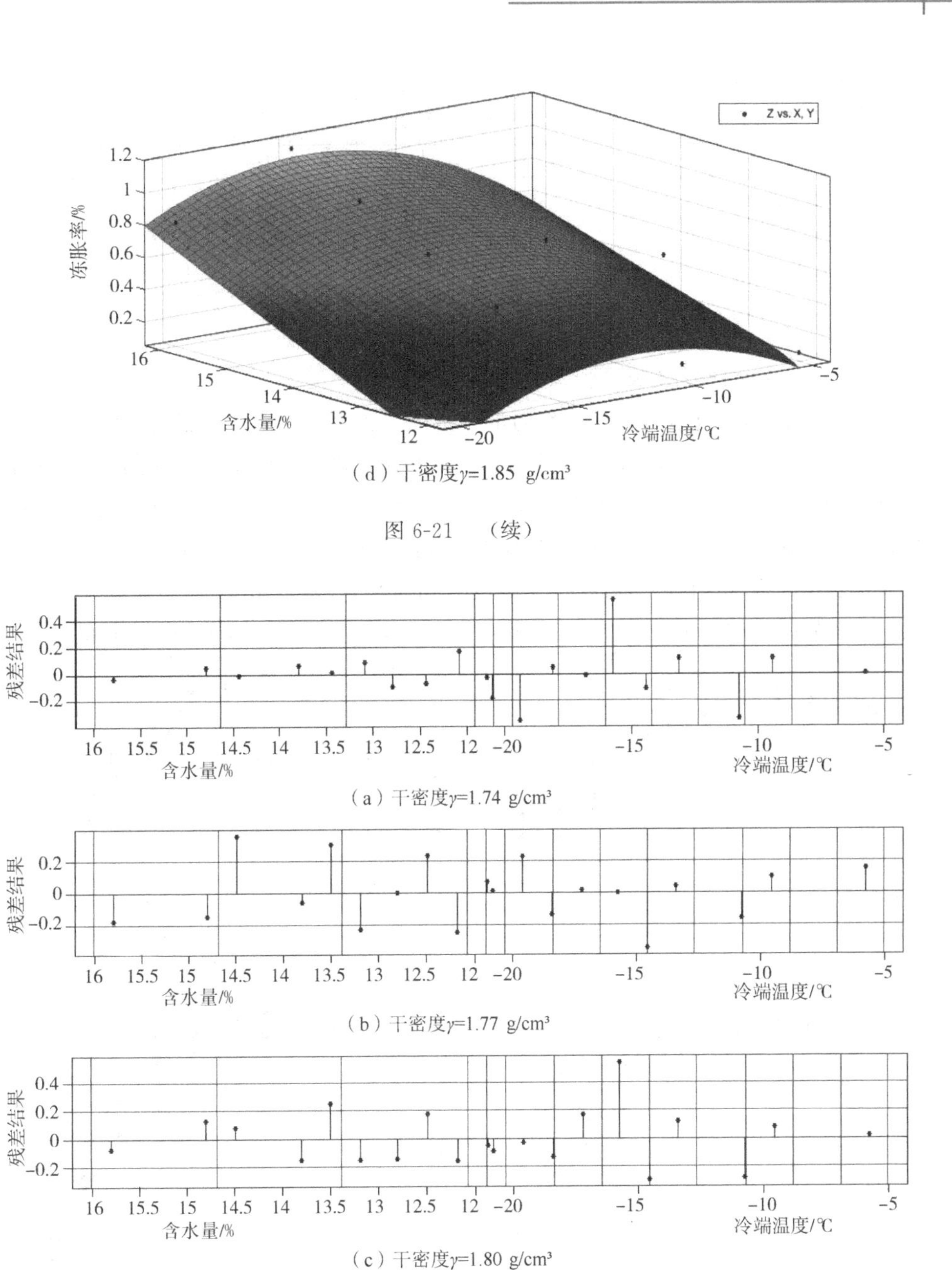

（d）干密度γ=1.85 g/cm³

图 6-21　（续）

（a）干密度γ=1.74 g/cm³

（b）干密度γ=1.77 g/cm³

（c）干密度γ=1.80 g/cm³

图 6-22　不同干密度下含水率—冷端温度与冻胀率关系模型的残差分布

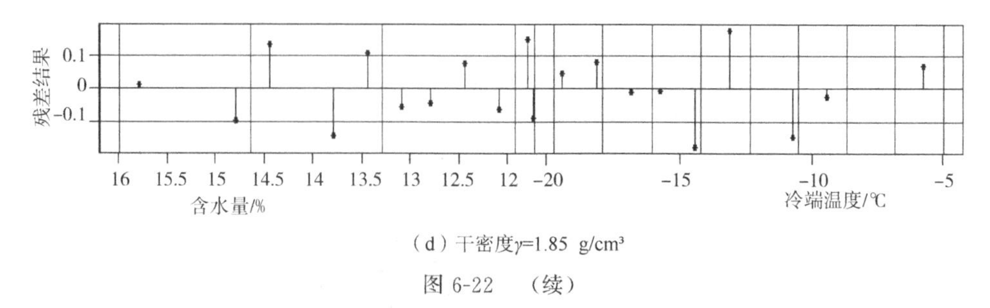

(d) 干密度γ=1.85 g/cm³

图 6-22 (续)

2. 含水量对砒砂岩融沉特性的影响

含水量是影响砒砂岩融沉特性的重要指标。含水量的多少在影响土体融沉时存在一个“起始融沉含水量”，当试件的含水量小于此含水量时不会发生融沉现象，相反会因为冻土内部土颗粒热胀而产生融胀现象。在冻胀试验中测出相关数据之后，将试件继续再冻结 7 h，使其冻结量达到充分稳定后，将试件在 20 ℃下融化。图 6-23表示的为本次试验过程中冻结温度分别为－5 ℃、－10 ℃、－15 ℃、－20 ℃时的砒砂岩融化过程中最大位移变化量，即试件融解前后的高度差与含水量的关系。

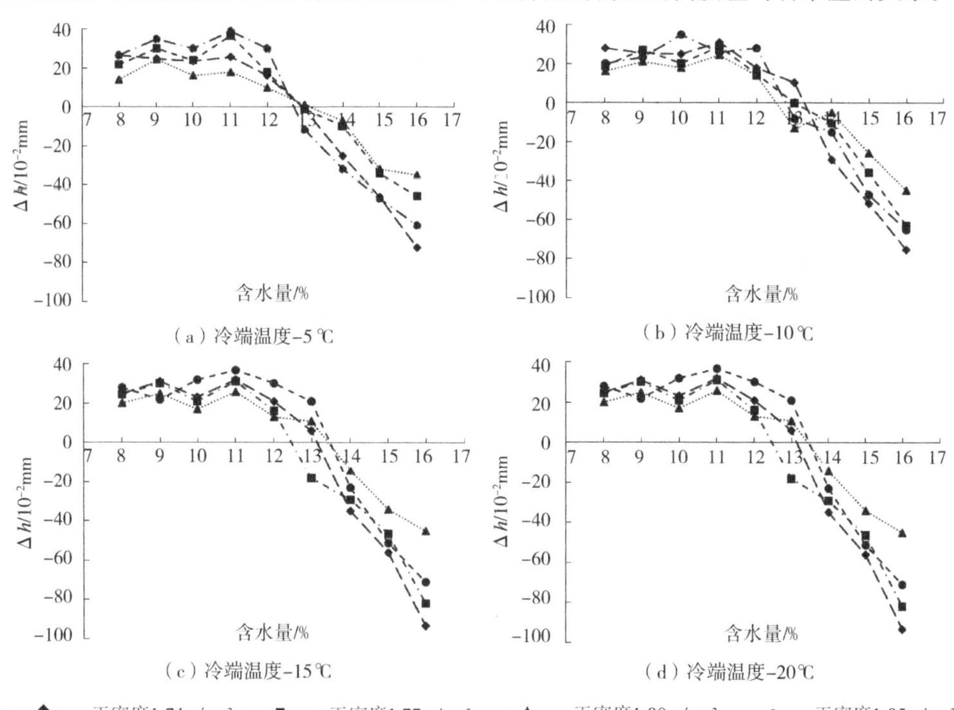

图 6-23 最大位移变化量与含水量的关系

研究资料表明[90]，不论黏性土、粗颗粒土或泥炭土，其融沉系数均随含水量的增大而迅速增大，然而当其含水量小于或等于某一界限含水量时，土体融化后并不会出现下沉现象，而是微小地膨胀。在此含水量范围内，冻土融化后结构变化不大，该界限含水量被称为“起始融化下沉含水量 ω_c”。从图 6-23 可以看出，虽然冻结温度、干密度不同，但均在 13%含水量附近，发生融胀和融沉的转变：当含水量低于 13%时砒砂岩在融化过程中发生膨胀现象，当含水量高于 13%时砒砂岩在融化过程中发生沉降现象。由此可知，并非所有含水量的砒砂岩在融解过程中都产生融沉，只有当砒砂岩含水量增长到某一界限后才发生融沉现象。较小含水量的试件发生膨胀的原因是由于冻结过程中水变成冰对试件体积影响较弱，土体融解过程中土粒及其集合体由于水化作用而膨胀；而发生沉降的原因是土体融化过程中冰变成水体积变小，在土的自重下而进一步下沉。在这里将发生膨胀现象向发生沉降现象过渡的含水量称为砒砂岩的起始融沉含水量。

将融解过程中最大位移变化量与含水量关系进行拟合，得出冻结温度为−5 ℃时，4 个干密度融化过程中最大位移变化量与含水量的关系式，见表 6-11。求得最大位移变化量为零时试件的含水量即为该土的起始融沉含水量，即 $\eta=0$ 时 4 个干密度在冻结温度为−5 ℃时的起始融沉含水量。结合其他 3 个冻结温度所得的数据分析也可得出：砒砂岩的起始融沉含水量均在 13%左右，并且基本上保持定值。

表 6-11 最大位移变化量与含水量的关系式

干密度/(g·cm^{-3})	二者关系式	相关系数	起始融沉含水量/%
1.74	$\eta=-0.0310\omega^2+0.6235\omega-2.8795$	0.995 5	12.93
1.77	$\eta=-0.0204\omega^2+0.3959\omega-1.6038$	0.959 9	13.65
1.80	$\eta=-0.0155\omega^2+0.3014\omega-1.2549$	0.943 1	13.40
1.85	$\eta=-0.0225\omega^2+0.1062\omega-1.4885$	0.906 9	12.94

由图 6-23 和表 6-11 可知，当砒砂岩试样的含水量大于 13%以后才发生融沉，根据式（6-2）计算含水量为 14%、15%和 16%时砒砂岩的融沉系数，研究含水量与融沉系数之间的关系。表 6-12 给出了冷端温度为−5 ℃，干密度分别为

1.74 g/cm³、1.77 g/cm³、1.80 g/cm³、1.85 g/cm³ 时的融沉系数汇总情况，表 6-13给出了融沉系数与含水量关系式。

表 6-12 冷端温度为−5 ℃时不同含水量时融沉系数一览表

试验编号	含水率/%	干密度/(g·cm⁻³)	冷端温度/℃	融沉系数/%
NO.007	14	1.74	−5	0.172
NO.008	15	1.74	−5	0.319
NO.009	16	1.74	−5	0.586
NO.043	14	1.77	−5	0.069
NO.044	15	1.77	−5	0.252
NO.045	16	1.77	−5	0.317
NO.079	14	1.80	−5	0.048
NO.080	15	1.80	−5	0.220
NO.081	16	1.80	−5	0.241
NO.115	14	1.85	−5	0.241
NO.116	15	1.85	−5	0.324
NO.117	16	1.85	5	0.448

表 6-13 融沉系数与含水量的关系式

干密度/(g·cm⁻³)	二者关系式	相关系数
1.74	$a_0=0.207\,0\omega-2.746\,00$	0.972 8
1.77	$a_0=0.124\,0\omega-1.684\,30$	0.944 6
1.80	$a_0=0.096\,5\omega-1.127\,78$	0.830 5
1.85	$a_0=0.130\,5\omega-1.214\,80$	0.987 1

冻结土体在融化的过程中，其内部的相态是由固态冰变成液态水。整个冻融过程中土体的内部结构发生了如下变化：冻结时，最初的土粒结构在水结成冰体积变大而发生破坏，并进行颗粒间重新集合；融化时，冰变成水体积减小，部分水分排出，土粒内部间产生了相对位移，发生了颗粒间重组的现象，这种现象的产生与土中含水量的大小又有着密切的关系。由图 6-24 可以看出，融沉系数随

着含水量的增加呈线性增加。这是因为含水量越大，在相同冷端温度作用下，水变成冰时土体的体积变化量就越大，同时使土体中的孔隙变大，当温度升高时，冰融化成水，土颗粒之间发生相对位移，土体内被冰填充的孔隙将有水排出，含水量越高，融化后排出的水就越大，在没有外界荷载作用时，土体在自重作用下融沉量就越大，相应的融沉系数就越大。

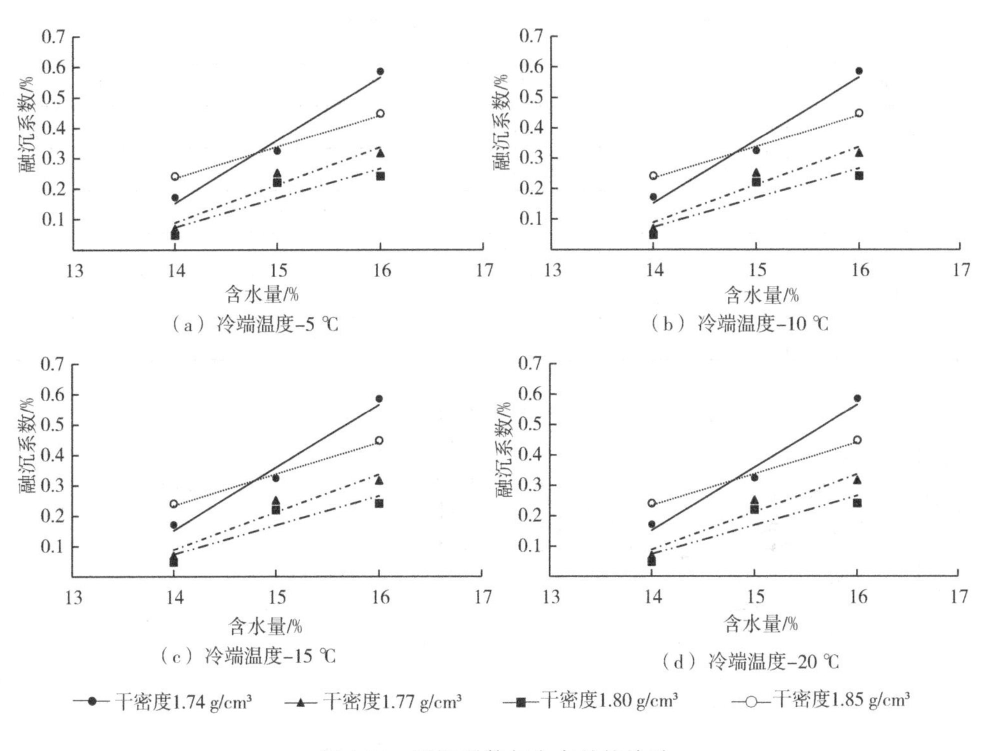

图 6-24　融沉系数与含水量的关系

3. 干密度对砒砂岩融沉特性的影响

干密度是影响土体融沉特性的另一重要指标。干密度的大小决定着土体内部孔隙的多少，在融化过程中，土体内部孔隙数量的变化对融沉量有着直接的影响。表 6-14 给出了冷端温度为 −10 ℃，干密度分别为 1.74 g/cm³、1.77 g/cm³、1.80 g/cm³、1.85 g/cm³ 时的融沉系数数据汇总情况。图 6-25 给出了 4 个冷端温度下的融沉系数与干密度之间的关系曲线。

表 6-14 冷端温度为－10 ℃、不同干密度时的融沉系数一览表

试验编号	含水率/%	干密度/(g·cm^{-3})	冷端温度/℃	融沉系数/%
NO. 016	14	1.74	－10	0.200
NO. 052	14	1.77	－10	0.069
NO. 088	14	1.80	－10	0.020
NO. 124	14	1.85	－10	0.103
NO. 017	15	1.74	－10	0.355
NO. 053	15	1.77	－10	0.244
NO. 089	15	1.80	－10	0.176
NO. 125	15	1.85	－10	0.324
NO. 018	16	1.74	－10	0.483
NO. 054	16	1.77	－10	0.448
NO. 090	16	1.80	－10	0.366
NO. 126	16	1.85	－10	0.489

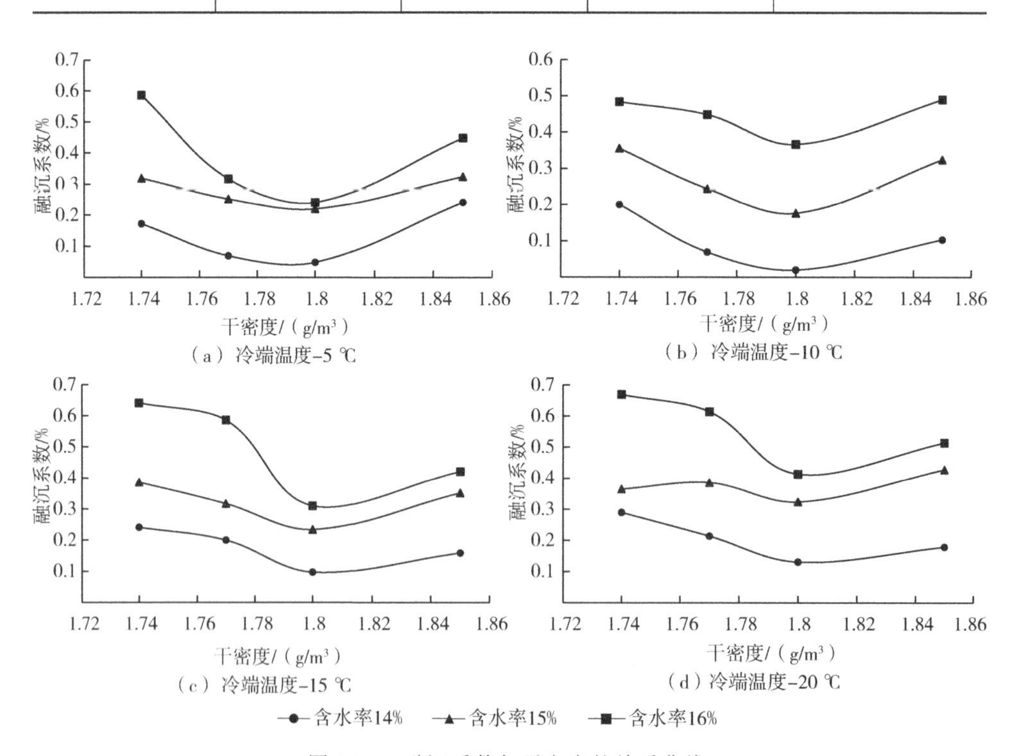

图 6-25 融沉系数与干密度的关系曲线

由表 6-14 和图 6-25 可以看出：在试验所取干密度范围内，融沉系数随干密度增加呈先减小后增大的变化趋势，即当干密度从 1.74 g/cm³ 变化至1.85 g/cm³ 过程中，融沉系数存在一个临界值，称为临界干密度，其所对应的融沉系数最小。当试验所取的干密度小于临界干密度时，试件中土颗粒之间的孔隙比较大，砒砂岩试件经过冻融之后的融沉系数是由融化时土体自重引起的试件的孔隙减小，因此干密度较小时试件的融沉系数相对较大。当试验所取得干密度大于临界干密度时，试件中孔隙率变小，融化时试件的自重对试件融沉系数的影响减弱，此时试件的饱和度却随着干密度的增大而增大。对于同一含水量的试件，干密度较小的试件在冻结时，土体中有足够的空间容纳固态冰的自由膨胀，不会破坏土颗粒之间的连接；干密度较大时，冻结时土体中的孔隙不能满足固态冰的自由膨胀，致使土体颗粒间连接作用产生破坏，使试件的冻胀量增大，相应的融化时融沉系数增大。

4. 冷端温度对砒砂岩融沉特性的影响

冷端温度是影响砒砂岩融沉特性的又一指标。冷端温度的高低影响着土体内部水分冻结的程度，温度越低土体内部发生冻结的水分越多，冻胀量越大相应的融沉量就越大。表 6-15 给出了干密度为 1.74 g/cm³，含水量分别为 14%、15%、16%时融沉系数数据汇总情况，在这种情况下含水量与冷端温度满足表 6-16 所示的关系式。图 6-26 给出了 4 个干密度下融沉系数与冷端温度的关系曲线。

表 6-15　干密度为 1.74 g/cm³ 时不同冷端温度的融沉系数

试验编号	含水量/%	干密度/(g·cm⁻³)	冷端温度/℃	融沉系数/%
NO.007	14	1.74	−5	0.172
NO.016	14	1.74	−10	0.200
NO.025	14	1.74	−15	0.241
NO.034	14	1.74	−20	0.290
NO.008	15	1.74	−5	0.319
NO.017	15	1.74	−10	0.355
NO.026	15	1.74	−15	0.386
NO.035	15	1.74	−20	0.365

续表

试验编号	含水量/%	干密度/(g·cm^{-3})	冷端温度/℃	融沉系数/%
NO.009	16	1.74	−5	0.586
NO.018	16	1.74	−10	0.483
NO.027	16	1.74	−15	0.641
NO.036	16	1.74	−20	0.669

表 6-16　融沉系数与冷端温度的关系式

含水率/%	二者关系式	相关系数
14	$a_0=-0.0079T+0.1270$	0.985 9
15	$a_0=-0.0039T+0.2780$	0.780 3
16	$a_0=-0.0063T+0.5385$	0.820 0

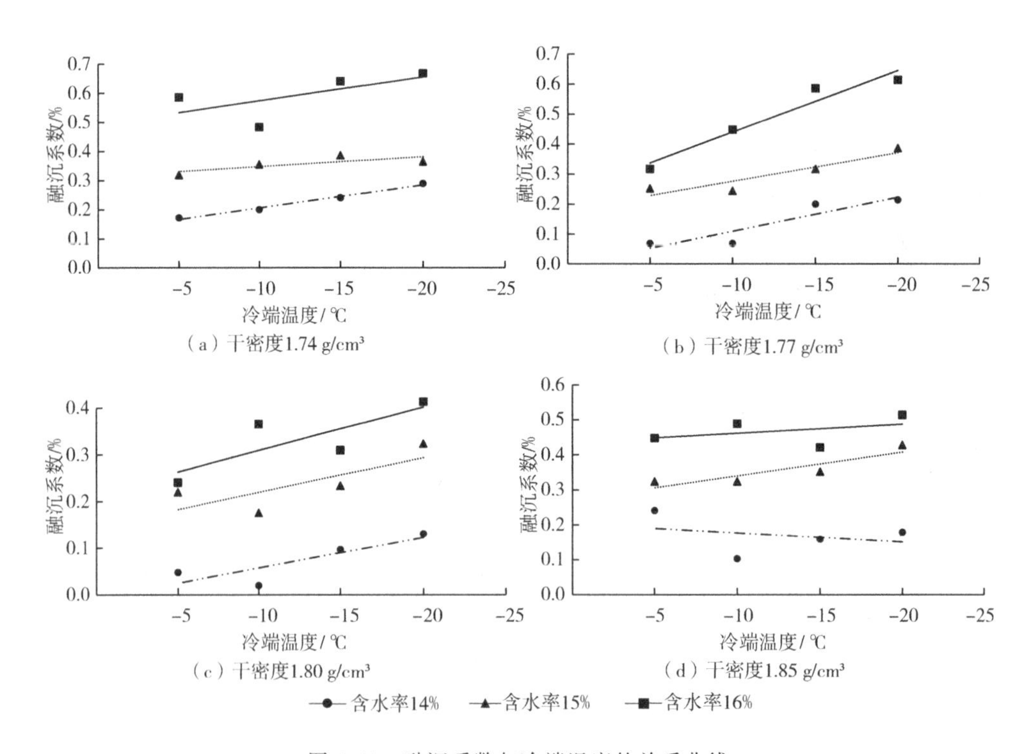

图 6-26　融沉系数与冷端温度的关系曲线

由表6-15和图6-26中可以看出，融沉系数基本上是随着冷端温度的降低而增大的。冷端温度对融沉系数的影响主要是在冷端温度作用下水变成冰体积增大，融化时融沉系数是与冻胀率密切相关的。由于本次试验采用的是封闭系统（无补水）、自由冻结，冷端温度较低时，土体在发生冻结的过程中并不是所有孔隙中的水都发生冻结，只是其中一部分水发生冻结，仍存在一部分未冻结的水，此时土体内部只有孔隙冰而没有结构冰。随着冷端温度降低，土体孔隙中未冻结的水量越少，发生冻结的水量就越多，于是产生了结构冰。这个过程中水结成冰引起的体积变化量就越大，从而试件的冻胀量就越大，相应的融化试件的融沉系数就越大。

6.2.5 砒砂岩融沉特性的敏感性因素分析

影响砒砂岩融沉特性的因素有含水量、干密度和冷端温度，分析各因素对融沉系数影响的显著性区别，为实际工程中更好地预防由于融沉引起的灾害提供了可靠理论依据。由前文可知，当含水量大于13%时才发生融沉现象，含水量为13%时为一个临界值，为了方便正交分析，所以含水量选取13%、14%、15%、16%；在试验范围内冷端温度选取−5 ℃、−10 ℃、−15 ℃、−20 ℃；干密度选取1.74 g/cm³、1.77 g/cm³、1.80 g/cm³、1.85 g/cm³。正交试验设计方案以及在该方案下试验所得的对应融沉系数见表6-17，具体分析指标见表6-18。

表6-17 正交试验设计方案及对应融沉系数

试验编号	含水量/% (A)	干密度/(g·cm⁻³) (B)	冷端温度/℃ (C)	空白列	空白列	冻胀率/%
NO.006	1	1	1	1	1	−0.007
NO.051	1	2	2	2	2	0.000
NO.096	1	3	3	3	3	0.021
NO.141	1	4	4	4	4	0.076
NO.016	2	1	2	3	4	0.200
NO.043	2	2	1	4	3	0.069
NO.106	2	3	4	1	2	0.131

续表

试验编号	含水量/% (A)	干密度/(g·cm^{-3}) (B)	冷端温度/℃ (C)	空白列	空白列	冻胀率/%
NO.133	2	4	3	2	1	0.195
NO.026	3	1	3	4	2	0.317
NO.071	3	2	4	1	1	0.386
NO.080	3	3	1	2	4	0.185
NO.125	3	4	2	1	3	0.326
NO.036	4	1	4	2	3	0.669
NO.063	4	2	3	1	4	0.586
NO.090	4	3	2	4	1	0.324
NO.144	4	4	1	3	2	0.448

表 6-18 融沉系数分析指标

指标 \ 因素	含水量/% (A)	干密度/(g·cm^{-3}) (B)	冷端温度/℃ (C)
均值 1	0.022	0.295	0.174
均值 2	0.149	0.260	0.213
均值 3	0.304	0.165	0.280
均值 4	0.507	0.261	0.316
极差	0.485	0.130	0.142

注：极差为该因素下均值的最大值与最小值之差。

为了更直观明显地反映出各因素（含水量、干密度、冷端温度）对试验指标（融沉系数）的影响规律和趋势，以因素水平为横坐标，以试验指标为纵坐标，绘制各因素与指标的关系图，如图 6-27 所示。因素与指标趋势图可以更加直观地说明指标随因素水平的变化趋势，可为进一步找出影响冻胀率的显著性因素指明方向。

从表 6-18 中三个因素的极差来看，含水量的极差是最大的，冷端温度的极差次之，干密度的极差最小，由此可以说明含水量对冻胀率影响是最显著的，冷端温度的影响次之，干密度的影响最小。同样可以由图 6-27 中看出含水量从

13%增加到 16%过程中融沉系数急剧增加；冷端温度从－25 ℃升到－5 ℃过程中融沉系数也有较大的幅度变化；而干密度从 1.74 g/cm³ 增加到 1.85 g/cm³ 过程中融沉系数呈先减小后增大的趋势，由此也可以说明含水量对冻胀率的影响是最显著的。从正交试验结果分析可知：融沉系数随着含水量的增大而增大；随着干密度增大呈先减小后增大的趋势；随着冷端温度的增大而增大。

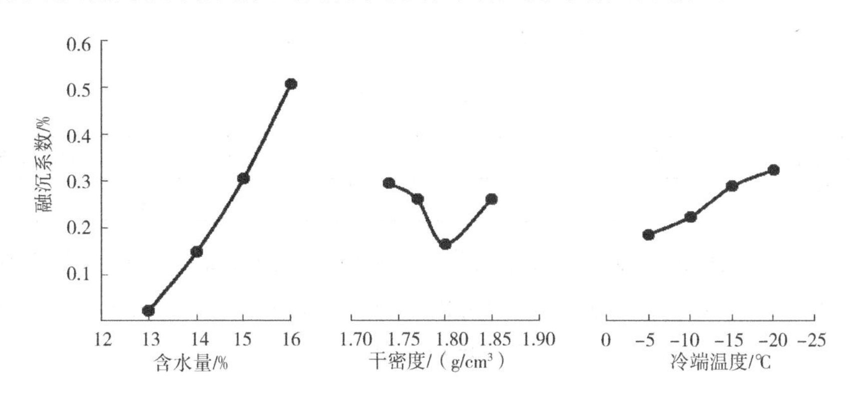

图 6-27　融沉指标随各因素的变化

6.2.6　砒砂岩多因素耦合作用下的融沉系数分析

通过对单因素试验分析，得出了含水量、干密度以及冷端温度对融沉系数的影响规律，并分别建立了其变化关系式。为分析各因素（含水率、干密度、冷端温度）对融沉系数的综合影响，利用 SPSS 统计分析软件建立了多因素耦合作用下融沉系数多元线性回归模型。

$$\alpha_0 = k_0 + k_1\omega + k_2\rho + k_3 T \tag{6-12}$$

式中　α_0——融沉系数，%；

ω——含水率，%；

ρ——干密度，g/cm³；

T——冷端温度，℃；

k_0，k_1，k_2，k_3——与土质以及试验条件有关的参数。

将使用 SPSS 软件输出的结果进行分析，验证回归模型的适用性。

表 6-19 给出了模型汇总情况，表中 R 表示的是多元相关系数，R^2 称为拟合

优度，R^2 介于0～1之间，且 R^2 越大，样本回归方程与实际数据拟合得越好。R^2 是随着自变量个数的增加而变大的，对自变量的选取不能提供任何的帮助，此时就有了修改后的$\overline{R^2}$。对于 R^2($\overline{R^2}$) 值而言：0.9以上表示非常合适；0.8表示合适；0.7表示一般；0.6表示不太合适；0.5以下表示极不合适。由表6-19可知，本次试验中所得到的 $R^2=0.766$、修改后的$\overline{R^2}=0.750$、标准误差 $S=0.081$，由此得出回归拟合程度良好。

表6-19　模型汇总表

融沉预报模型	R	R^2	修改后的$\overline{R^2}$	标准误差 S
	0.875	0.766	0.750	0.081

对于多元线性回归方程显著性检验一般采用方差分析法。表6-20为SPSS软件输出的方差分析表，由表6-20中可以看出：F（统计量）=47.997、P（相伴概率值）=0.000均符合要求，故该模型合理。

表6-20　方差分析表

项目		平方和	df（自由度）	均方	F（统计量）	P（相伴概率值）
融沉预报模型	回归	0.934	4	0.311	47.997	0.000
	残差	0.285	22	0.006		
	总计	1.220	26			

表6-21给出了SPSS输出的回归方程系数，由此得出多元线性回归方程，见式（6-13）。

$$\alpha_0=-1.095+0.161\omega-0.614\rho-0.008T \tag{6-13}$$

表6-21　回归方程系数表

项目		非标准化系数			标准化系数	
		B	标准误差	Beta	t	Sig.
融沉预报模型	常量	−1.095	0.540	—	−2.209	0.049
	含水率	0.161	0.014	0.823	11.285	0.000
	干密度	−0.614	0.280	−0.160	−2.191	0.034
	冷端温度	−0.008	0.002	−0.271	−3.710	0.001

将表 6-21 中的含水量、干密度、冷端温度等数值代入式（6-12）中，得出方程的拟合值，将试验所得的实测值与计算所得的拟合值进行对比，如图 6-28 所示。从图 6-28 可以看出实测值与拟合值存在一定的误差，但在总体趋势上是保持一致的，说明其拟合程度良好。

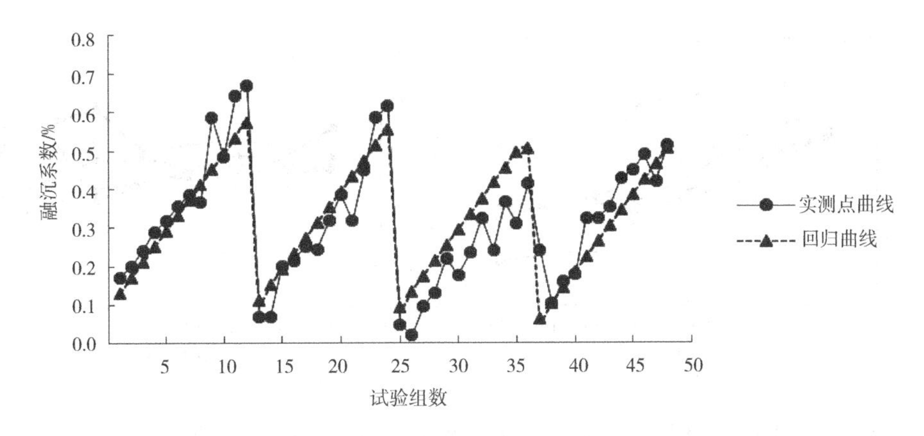

图 6-28　实测点与拟合点融沉系数的对比

通过对砒砂岩重塑土冻融分析可知：

（1）在冻胀（融沉）正交试验分析中发现对冻胀率（融沉系数）影响最显著的因素为含水量，其次为冷端温度，影响最弱的为干密度。

（2）并不是所有含水量的砒砂岩试件都发生融沉，只有当试件含水量超过起始融沉含水量后才发生融沉，试验得到砒砂岩的起始融沉含水量均在 13%左右。

（3）砒砂岩试件的含水量大于起始融沉含水量时，融沉系数随含水量的增大呈线性增大；随干密度增大呈先减小后增大的趋势，干密度为 1.80 g/cm^3 时对应的融沉系数最小；融沉系数随冷端温度降低而增大。

6.3　冻融循环对砒砂岩重塑土力学性能影响[89]

6.3.1　冻融循环过程中含水量对砒砂岩黏聚力和内摩擦角的影响

从图 6-29（a）可以发现，含水量与冻融次数对砒砂岩黏聚力的影响相互作用，相同的冻融循环次数下，砒砂岩黏聚力均随含水量增大而减小。未经冻融砒砂岩（$n=0$）的黏聚力最大，随冻融循环次数的增加黏聚力降低，冻融循环1次后黏聚力的降低最大，在高含水量下表现尤其突出。冻融第3、5、7次的黏聚力交错变化，但在第7次冻融完成时，相同含水量下的黏聚力均有所提高。

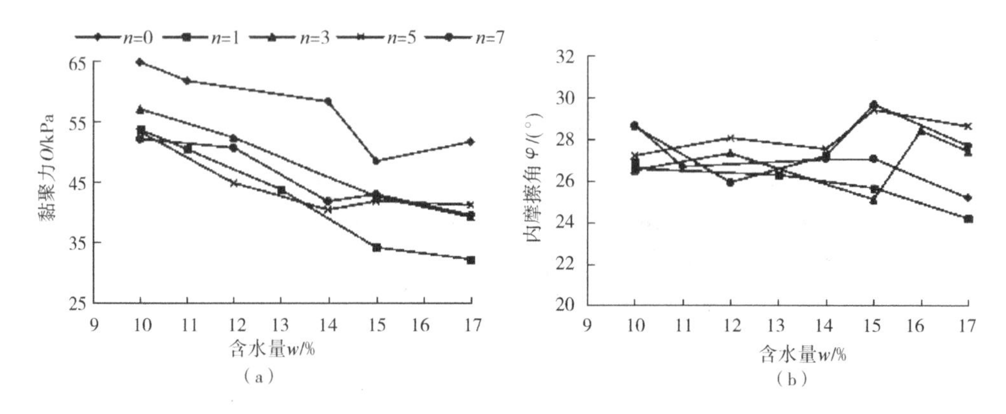

图6-29　不同冻融循环砒砂岩黏聚力、内摩擦角和含水量的关系

这表明冻融作用的确可以损伤孔隙的内部结构，破坏砒砂岩颗粒间的胶结作用。冻融是温度和孔隙内部水分共同作用的体现，干密度相同的试样初始孔隙比相同，初始含水量越大，可供水分冻胀后压缩的空间越小，故每次冻融循环后，较大含水量的试样内部的孔隙受到冻胀作用的影响就大。

随冻融循环次数增加，试样内的水分不断发生相变。试样孔隙内赋存的水分凝固、融化致使其体积胀缩，由此产生的力会挤压土体颗粒，导致团粒与团粒及团粒与矿物之间原有的胶结作用被破坏，黏聚力降低，颗粒之间的孔隙被逐渐扩大，产生不可逆变形，试样结构遭到破坏，试样内部结构疏松。

从图6-29（b）可以发现，内摩擦角随着含水量的增加整体呈现出上下波动的发展趋势，所以可以认为冻融循环对内摩擦角值的影响并不是特别的明显。（$n=0$）未经冻融的砒砂岩内摩擦角有降低趋势，含水量越小内摩擦角越稳定，含水量在14%以下，内摩擦角在25.98°～28.61°，冻融作用对其影响不明显；但（$n=1$）冻融1个循环的内摩擦角在不同含水量下均较低，因此首次冻融对内摩擦角影响最大。这是由于在第一次冻融过程中，砒砂岩所包含的大颗粒相对较多，颗粒与颗粒间接触的比表面积较小，所以会造成大孔隙的出现。特别是在含水量较大的情况下，首次冻融内摩擦角值降低的比例最大，这是因为大孔隙内几乎全被水充满，在第一次冻融过程中，体积膨胀引起土体孔隙被胀破，特别是微孔隙中表现得更加明显。然后在冻融的过程中，冰晶融化成水，大的颗粒也因为膨胀而被破坏，加上土体自身重力作用、融化水的润滑作用，土体会自由下沉，颗粒排布会变得更加密实，近似骨架—密实结构状态。内摩擦角反映了土颗粒间的摩阻性质。可见冻融和含水量对砒砂岩颗粒间的摩阻力与连锁作用影响弱于黏聚力。

6.3.2 冻融循环次数对砒砂岩黏聚力和内摩擦角的影响

由图6-30（a）可以看出，在不同含水量下，砒砂岩重塑土随着冻融次数的增加，整体呈现先增大后减小，最终趋于稳定的变化趋势。在经过第一次冻融循环之后，黏聚力c在5个含水量下都是增大的。在含水量为16%、17%两个较大含水量下，其黏聚力的增加幅度最大，分别达到了65.6%和57.3%，其他几个含水量的变化略微小些。在干密度保持不变的情况下，颗粒之间的孔隙是一定值，所以间接地说明含水量越大，土体孔隙被水充满的程度越高。在−12 ℃冻结过程中，土体主要是原位冻结，几乎不存在水分迁移的现象，在冻结过程中，由水变为冰，体积膨胀，会造成土颗粒之间的连接被撑破，大颗粒土体也会随着颗粒之间相互挤压而被破碎，从而形成粒径小的颗粒。当进入融化阶段的时候，冰晶融化，土体也会随着自身重力的作用自由下落，但是这个时候颗粒与颗粒直接接触的比表面积增加，近似地形成一种骨架—密实结构，所以黏聚力在经过第一次循环之后会相应地增大；在随着冻融次数的增加，黏聚力值的大小先减小后增加然后趋于稳定。趋于稳定是因为，在经过一定量的循环周期之后，砒砂岩重塑土原来被破坏的颗粒也已经重新进行排布，达到稳定的颗粒排布，但是在含水量17%时，黏聚力值还比较小，这是由于水在土颗粒间起到润滑剂的作用，所以在挤压的过程中颗粒之间翻滚、跨越会相对比较容易，宏观表现出来的就是黏聚力值较小；另外，是因为在17%含水量下，砒砂岩重塑土经过几次冻融之后，其真实含水量也几乎接近饱和含水量，所以也能说明黏聚力小的原因。

由图 6-30（b）可以看出，随着冻融循环次数的增加，在不同含水量下，砒砂岩重塑土内摩擦角的变化并不像黏聚力那么明显。内摩擦角的变化并无规律可循，呈现出波浪式的发展，在 5 个含水量中，达到 7 次冻融循环之后，变化幅度在 3 度上下波动，即使含水量最大的 17％变换幅度也就 4.5 度，这也充分说明了冻融循环对砒砂岩重塑土内摩擦角的影响不是特别的明显，同时也与先前有关砂土、黄土等相关研究的结果一致，即冻融循环过程对土体黏聚力值的影响较大，对内摩擦角值的影响较小。也间接描述了冻融过程影响土体抗剪强度的主要因素是黏聚力值，所以在以后的工程建设当中，对于边坡的稳定措施，首先应考虑增大土体黏聚力的方法措施。

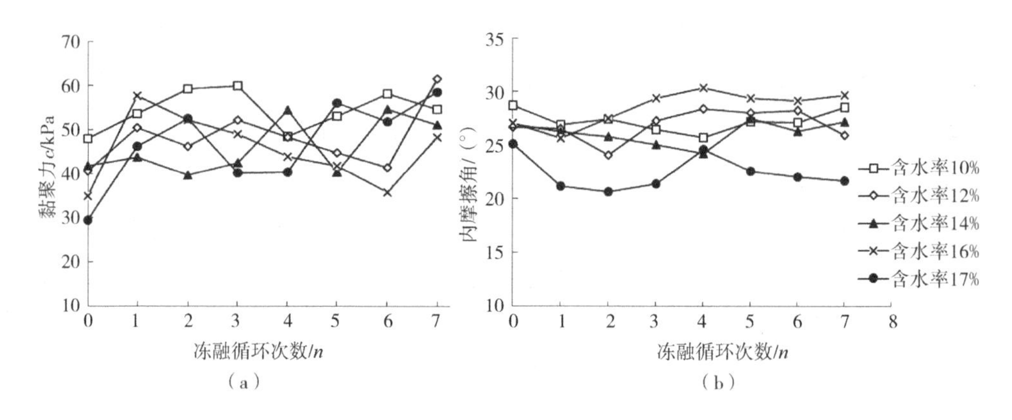

图 6-30　不同冻融循环砒砂岩黏聚力和循环周期的关系

6.3.3　不同围压下砒砂岩峰值强度随冻融次数的变化

冻融循环影响砒砂岩的峰值强度，每一次冻融循环砒砂岩的峰值强度都有所改变，相同的冻融循环次数下，峰值强度随围压的增大而增大。在本实验范围内，不论含水量大小，在冻融循环开始的前 3～4 次时，砒砂岩的强度均有所降低，到了 5～6 次后，强度又有所恢复，以实验真实含水量最小 10％和最大 17％为例（见图 6-31），在不同围压下砒砂岩峰值强度与冻融次数的关系曲线能很清晰地反映出来。

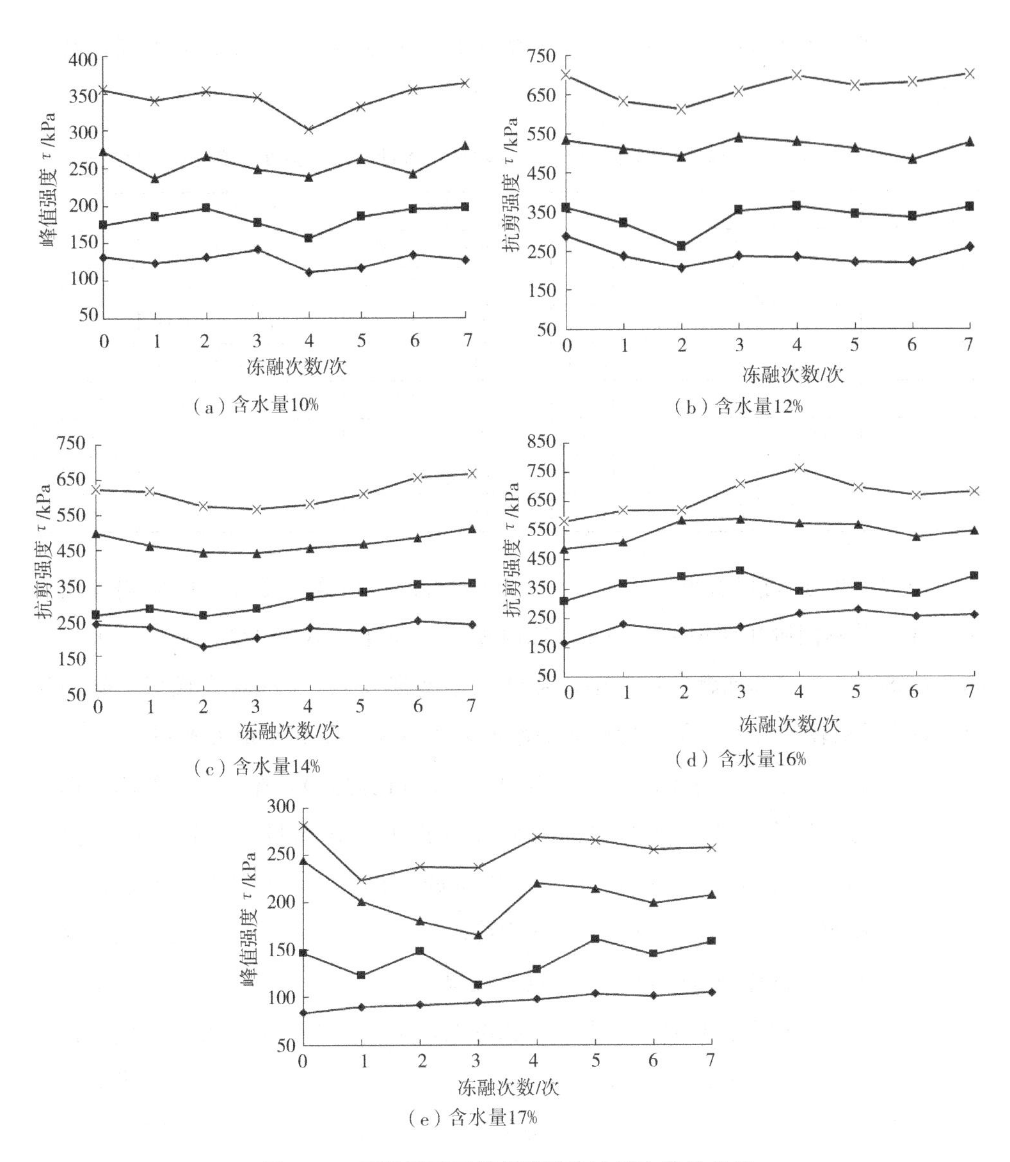

(a) 含水量10%　(b) 含水量12%

(c) 含水量14%　(d) 含水量16%

(e) 含水量17%

图 6-31　不同围压下峰值强度和冻融次数的关系

以每一次未冻融强度为比较基准记为 τ_0，相同条件下每次冻融循环后强度为 τ，峰值强度变化率为 δ：

$$\delta = \frac{\tau - \tau_0}{\tau_0} \times 100\% \tag{6-14}$$

计算峰值强度的变化率，反映冻融循环对砒砂岩强度的影响程度，结果见表6-22。

表6-22 不同冻融循环次数、不同围压下砒砂岩峰值强度的变化率 单位：%

冻融次数	含水量10%				含水量17%			
	50 kPa	100 kPa	200 kPa	300 kPa	50 kPa	100 kPa	200 kPa	300 kPa
1	−6.31	6.36	−13.16	−1.78	7.58	−16.20	−17.56	−20.49
2	−0.54	12.93	−2.54	−0.15	9.90	1.16	−26.18	−15.48
3	7.78	1.32	−9.03	2.19	12.57	−23.07	−32.21	−15.75
4	−16.08	−10.48	−12.50	−4.53	16.49	−12.20	−9.94	−4.65
5	−11.64	6.19	−3.98	−3.28	23.32	9.60	−12.27	−5.76
6	1.65	12.01	−11.21	0.47	20.53	−1.25	−18.49	−9.19
7	−3.51	12.70	2.30	−0.99	24.96	7.66	−15.10	−8.73

由表6-22还可以看出，含水量10%砒砂岩的峰值强度受冻融的影响变化不大，在4种不同围压作用下历经4次冻融循环的强度均小至最低，强度最大损失近16.08%。在继续冻融的过程中，强度又逐渐恢复，7次冻融完成后，除围压100 kPa增幅较大外，其他强度较未冻融时基本持平，变化率最大不超过4%。

含水量17%的砒砂岩峰值强度（围压50 kPa的除外），在前3次的冻融循环中强度变化率逐渐增大，第3次冻融后强度损失均达到最大，其中最大损失32.21%，接下来损失逐渐减小，在继续冻融的过程中，强度又有所恢复，历经5、6次冻融循环后，强度变化放缓。6次冻融循环后，强度曲线出现反翘，这是多次冻融循环后试样的水分损失而导致的现象。

由此可见，在本实验取值范围内，冻融循环会使得砒砂岩绝大部分峰值强度降低；冻融循环对砒砂岩的峰值强度影响随含水量增加而增大；砒砂岩峰值强度并不是随冻融循环次数的增加而持续降低，一般情况下，在前3～4次冻融循环峰值强度会达到最低，然后都存在强度逐渐恢复的过程。因此，多次冻融循环是否一定会使砒砂岩的强度降低，还有待于继续增加冻融次数进行验证。不难发现，随着初始含水量的增加，试样强度的衰减幅度也随之增加。换言之，试样初始含水量越大，其强度对冻融循环次数的敏感度越大。这是因为试样内部孔隙的水分越多，水分冻结膨胀后的体积就越大，对砒砂岩结构的损伤就越明显，其强度衰减幅度也越大。因此，如果在工程上要保持砒砂岩性能稳定，最好保证其初始含水量应尽量偏低，以避免冻融的不利影响。

6.3.4　不同冻融循环次数下砒砂岩抗剪强度随围压的变化规律

如图6-32所示，在不同的冻融循环下围压直接影响着砒砂岩的抗剪强度，随着围压的增大其抗剪强度峰值呈现线性增长的趋势。

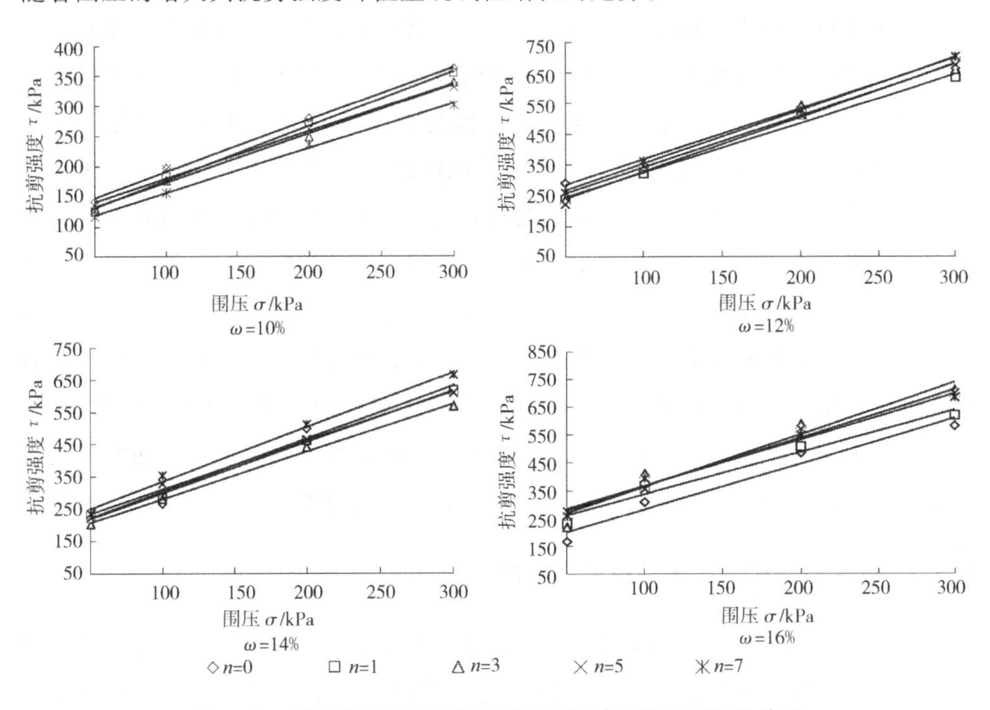

图6-32　不同冻融循环次数下砒砂岩抗剪强度和围压的关系

纵观图6-32可以看出，在含水量$\omega=10\%$时，各个围压下的剪切强度峰值最小。这是因为在含水量比较低的情况下，砒砂岩重塑土具有脆性性质，随着轴向应力的增大，其内部开始出现裂纹，随着裂纹的继续发展，形成贯通裂纹并出现在试件的表面，然后轴向应力继续增大，砒砂岩很快就进入类似脆性破坏的阶段。加之冻融对其内部裂纹的发展有一定的促进作用，所以这个阶段会到来得非常快，宏观上表现其抗剪强度峰值比较小。在含水量相对比较大的情况下，峰值强度有一定的增长，但是超过饱和含水量之后强度值是有所下降的。这是由于在相同干密度的情况下，砒砂岩重塑土内部的孔隙大小是一定值，含水量大只是间接反映孔隙内充水的饱满程度。当没有达到饱和含水量时，含水量越大冻胀对土孔隙的破坏程度越大，土体本身大颗粒被破坏的程度越高，所以在融化的过程中，土颗粒直接接触的比表面积越大、越密实，所以在三轴试验施加围压的时候，表现出来的强度值更大。当达到饱和含水率的时候，因为土颗粒间完全被水充满，水又充当润滑颗粒与颗粒间滑动翻越润滑剂的作用，所以在轴向应力的作用下，土体所表现出来的黏聚力是非常小的，进而抗剪强度的峰值也比较小。

在不同的冻融循环下围压直接影响着砒砂岩的抗剪强度，随着围压的增大其抗剪强度峰值呈现线性增长的趋势。这是因为在−12 ℃冻结时，主要是原位冻结，土体颗粒之间水分迁移较少，冻结形成的冰晶相对均匀地分布在土颗粒之间，致使土体体积膨胀，颗粒间的空隙有所增大，进而使土体结构破坏产生冻胀裂纹。恰巧当在周围压力的作用下会使得砒砂岩内部的空隙和裂隙得到压密并减小，增加了裂纹抗变形的能力，特别是在抑制次生裂纹的产生和扩展起到关键作用。围压越大，这种约束作用就会越明显。另外，围压增大，作用在剪切面上的竖向荷载也增大。由摩擦力生成理论可知[91]，在接触面粗糙程度不变的情况下，施加的竖向荷载越大其产生的摩擦力就越大。所以，在三轴剪切中施加的围压相当于增强了颗粒间的摩阻力，使得土样的承载力得到提高。

6.3.5　含水量对砒砂岩弹性模量的影响

由图6-33可知，在相同的冻融循环次数、含水量下，弹性模量随着围压的增大而增大，表明砒砂岩在三向压缩状态下弹性增强。相同含水量下，弹性模量受冻融作用影响不明显，表明较短暂（7次）冻融对砒砂岩的弹塑性改变不大。

含水量对弹性模量有影响，在饱和含水量之前，弹性模量随含水量的增加有下降趋势。围压越小，下降越明显；围压增大，含水量的影响减弱。试验表明：在饱和含水量之前，弹性模量基本保持不变，含水量和冻融对其弹塑性的影响可以不考虑。但是围压的高低可以改变砒砂岩的弹性变形，今后实际工程中的模型建立和参数选择要足够重视。

当含水量在15%左右接近饱和含水量17.5%时，弹性模量突然增大，此时砒砂岩应力不断增大，但其应变变化甚微。表明接近饱和含水量时，砒砂岩在外

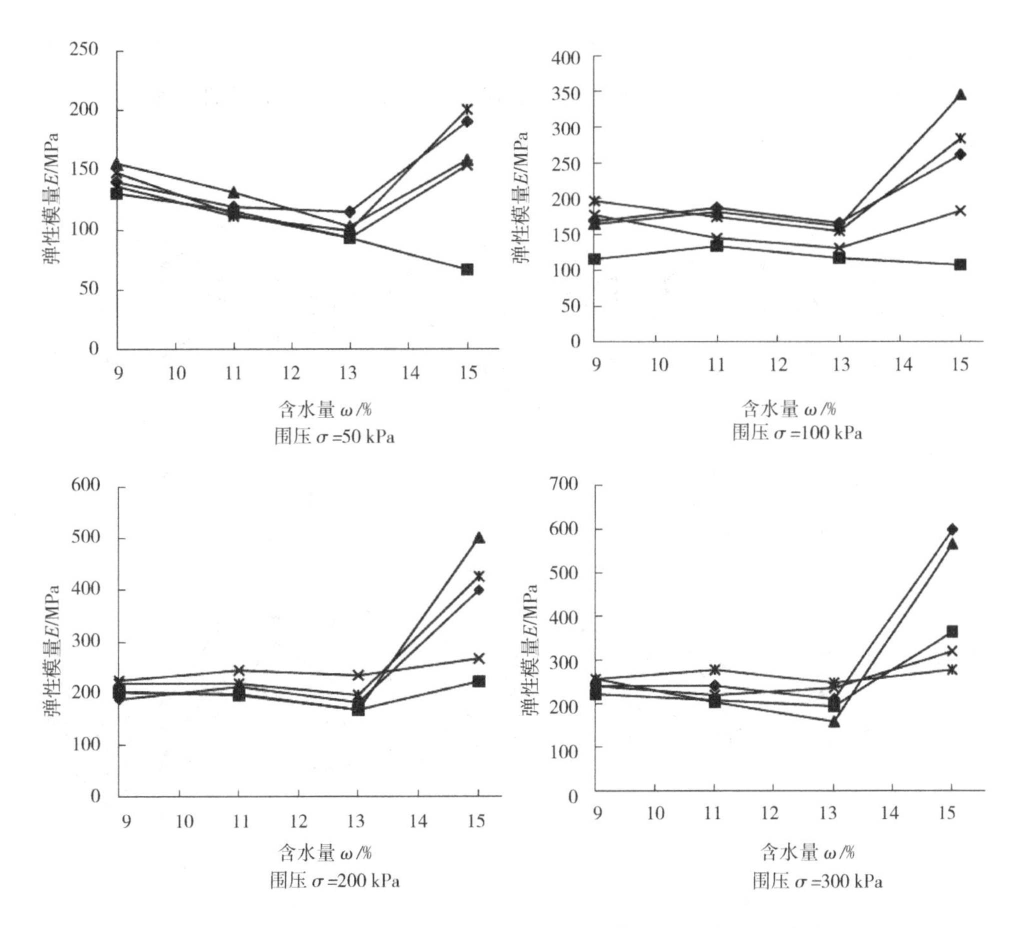

图 6-33 不同冻融循环次数下砒砂岩弹性模量和含水量的关系

载荷作用下存在的弹性变形很小，几乎消失。但由于围压的束缚，承载力增加。超过饱和含水量后，含水量达到 17%时，偏应力—应变曲线不再存在直线段，而全部表现为曲线，表明饱和含水量后，砒砂岩全面进入塑性阶段[90]。

6.3.6 冻融循环对砒砂岩重塑土弹性模量的影响

由图 6-34 中的 5 个图可以看出，在相同冻融循环次数下，砒砂岩重塑土弹性模量值都随着围压的增大而增大。在各个含水量下，弹性模量随冻融循环次数的增加并没有呈一定规律性变化，而是呈上下波动的方式变化，特别是在含水量为 17%的情况下，如图 6-34（e）所示，砒砂岩重塑土的弹性模量值变化是杂乱无章的，这可以表明冻融循环对砒砂岩重塑土的弹性值影响不是很大。利用SPSS进行多元线性回归分析冻融循环、围压对弹性模量的显著性影响。所得的结果见表6-23和表6-24。

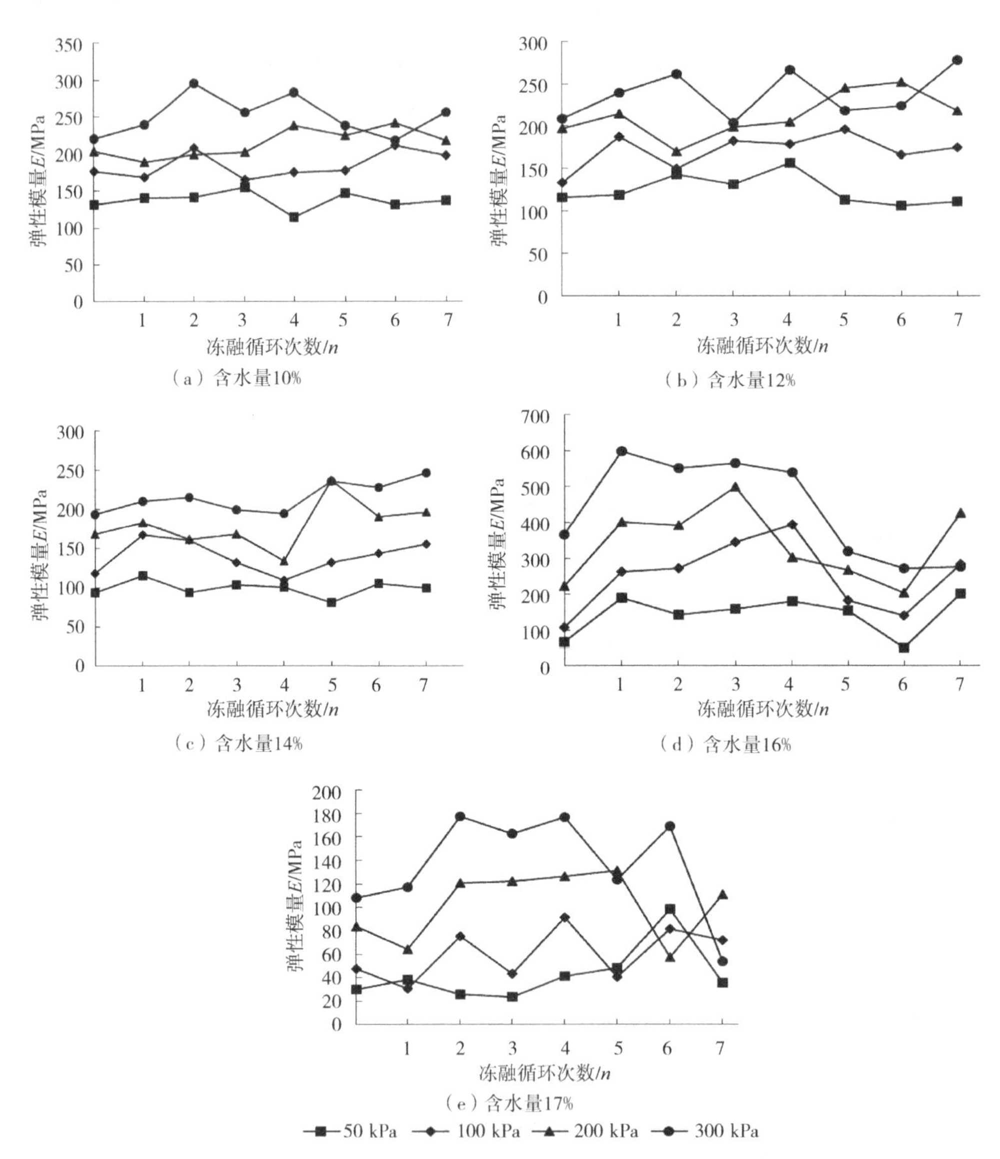

图6-34　不同冻融循环次数下砒砂岩弹性模量和循环周期的关系

表 6-23　模型汇总表

模型编号	R 值	R 方值	调整 R 方值	R 方更改值	Sig 值
1	0.873	0.762	0.746	0.762	9.07×10^{-10}

表 6-24　模型系数汇总表

模型	系　数	B 值	t 值	Sig 值	相　关　性		
					零阶	偏	部分
1	常量	105.28	9.708	1.3×10^{-10}	—	—	—
	冻融次数	3.19	1.679	0.104	0.152	0.298	0.152
	围压	0.43	9.491	2.1×10^{-10}	0.86	0.87	0.86

从表 6-23 中可以看出，模型汇总表中的 R 方值为 0.762 的拟合度值，可以说明此项显著性分析合理。从表 6-24 中的 B 值可以得到拟合之后的相关性方程式：

$$E = 105.28 + 3.19n + 0.43\sigma_3 \tag{6-15}$$

可以得出弹性模量 E 与冻融循环次数和围压都呈正相关性，冻融循环次数的 Sig 值为 0.104，大于 0.05，表明冻融对砒砂岩重塑土的弹性模量影响不显著，这与图 6-34 分析的结果一致；而围压的 Sig 值为 2.1×10^{-10}，明显小于 0.05，表明围压对于砒砂岩重塑土的弹性模量值影响显著。

综上可知：

(1) 含水量与冻融次数对砒砂岩黏聚力的影响相互作用，相同的冻融循环次数下，砒砂岩黏聚力均随含水量增大而减小；在相同的含水量下，未经冻融砒砂岩的黏聚力最大，随冻融循环次数的增加黏聚力降低，冻融 1 次后黏聚力的降低最大，在高含水量下表现尤其突出。

(2) 在不同的含水量下，砒砂岩重塑土黏聚力值随着冻融次数的增加，整体呈现先增大后减小，最终趋于稳定的变化趋势。内摩擦角值随冻融循环周期的增加，其变化范围是非常小的，所以冻融循环过程对土体黏聚力值的影响较大，对内摩擦角值的影响较小。

(3) 冻融循环对砒砂岩的峰值强度影响随含水量的增加而增大；在前

3～4次冻融循环峰值强度会达到最低，然后都存在强度逐渐恢复的过程。

（4）在相同的冻融循环次数下，弹性模量随着围压的增大而增大；在相同的含水量下，弹性模量受冻融作用影响不明显；在饱和含水量之前，弹性模量基本保持不变，超过饱和含水量后，偏应力—应变曲线不再存在直线段，砒砂岩全面进入塑性阶段。

6.4 冻融作用对砒砂岩重塑土强度的影响[91]

6.4.1 不同围压下各冻融次数的应力—应变关系

由图6-35可以看出，在6个冻融循环次数下其应力—应变曲线均呈现双曲线型。根据材料力学理论可知，曲线大致可分为三个阶段：第一阶段为应力（或应力差）随应力呈线性增加的近似完全弹性阶段；第二阶段为应变硬化阶段，此时土体的变形主要是塑性变形，并且随着应变量的增加，其应力值的变化不大；第三阶段为屈服阶段，当进入这一阶段以后，荷载变化甚微，而变形急剧增大，也就是说在很小的荷载增量下，将产生很大的变形，此时的试样几乎处于破坏状态。

由图6-35可知，在含水量为13.63%的各冻融循环次数下，砒砂岩重塑土的应力—应变曲线在不同围压值下都呈现出随着轴向应变的增加，应力值先缓慢地增加3%，然后在$\varepsilon_1=2\%\sim3\%$的范围内急剧增长。当出现峰值强度之后，随着应变量的增加，其应力值增长比较缓慢，表现出典型的应变硬化型曲线。而在每一次冻融循环次数下，砒砂岩的峰值强度值随着围压的增大而增大。这是因为一方面是围压本身的压力作用致使土体颗粒之间被压密、挤紧，使颗粒与颗粒之间的接触力增大，也间接地提升了颗粒之间的摩阻力；另一方面是由于在干密度不变的情况下，砒砂岩的孔隙比是一定值，在含水量为13.63%接近饱和含水量15.9%的时候，土体的空隙几乎都被自由水充满，所以在冻结的过程中水转化为冰，体积膨胀，土体蓬松，致使土体周围出现微裂纹。当进入融化阶段时，土体受自身重力作用下沉，大的孔隙逐渐减少，微孔隙逐渐增多，并导致土体原来的骨架结构受到冻胀和融沉的破坏，土颗粒会重新排布达到一种新的平衡，但此时土体自

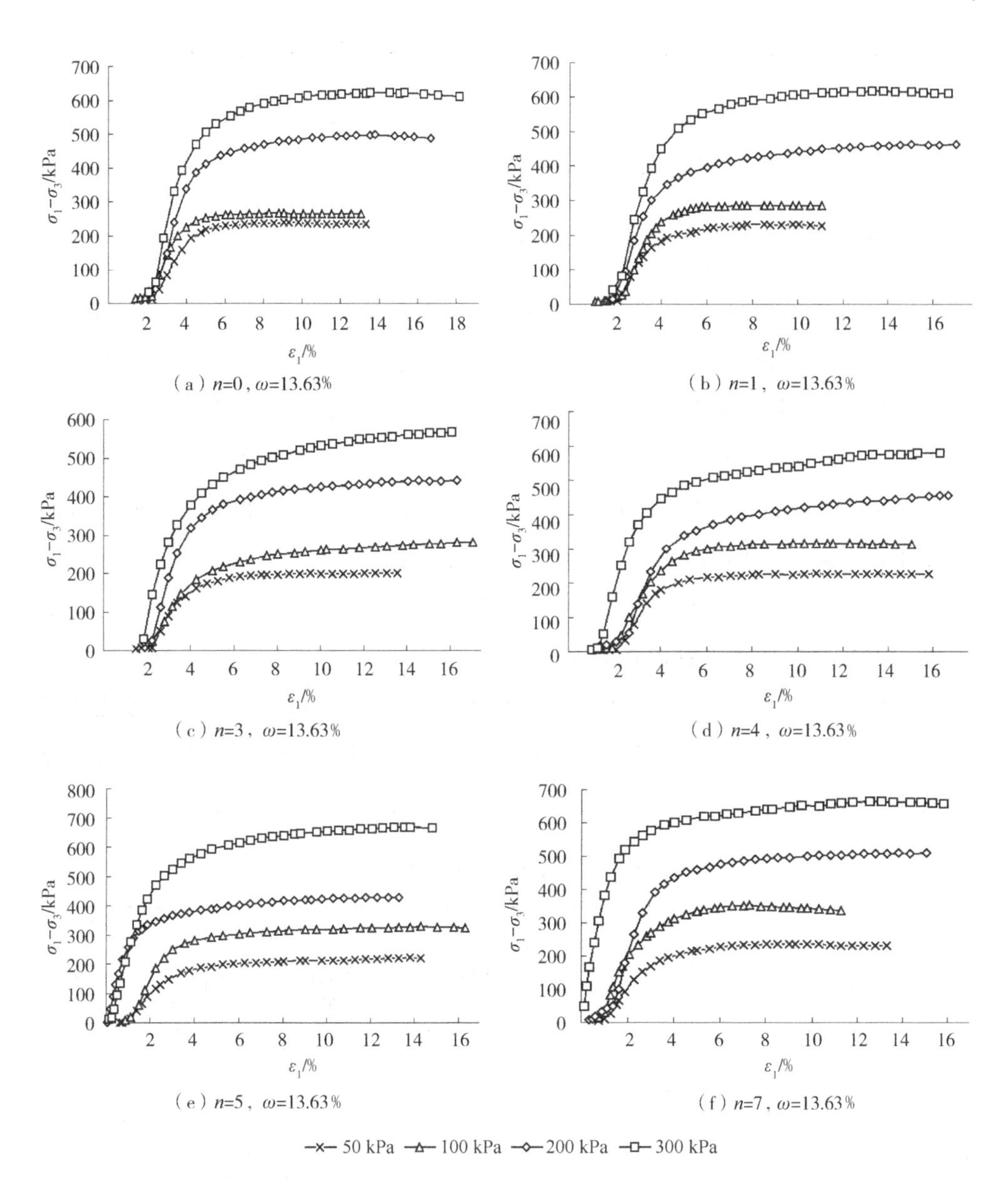

图 6-35　砒砂岩不同围压条件下的应力—应变曲线

身的密实度会增大。随着围压的增大，周围压力会抑制微裂纹的产生，并且也会使土体被压密的程度进一步增大，所以土体的应力峰值会随着围压的增大而增大。

由图 6-35 不难看出，在曲线近似线性的上升阶段的斜率都随着围压的增大而增大，即砒砂岩重塑土的弹性模量值随着围压的增大而增大。这是因为在周围压力的作用下，提升了土体的抗剪强度，在同等轴向应变的条件下，围压越大应力值越大，由弹性模量与应力和应变值的关系可知，弹性模量值是和围压成正比关系的。

6.4.2 冻融循环条件下砒砂岩抗剪强度参数 c、φ 劣化分析

从土壤力学的角度分析可知，影响土体抗剪强度的两个主要因素为黏聚力 c 和内摩擦角 φ，内摩擦角主要反映土颗粒表面的摩擦力和咬合力；而黏聚力主要反映土颗粒间的物理化学作用力，包括库仑力、胶结作用力等。在经过多次冻融循环之后，砒砂岩重塑土的内摩擦角 φ 随冻融次数的增加呈波浪式发展，所以可以认为内摩擦角的变化对抗剪强度的影响不是很大。因此，可以认为对砒砂岩抗剪强度劣化起主导作用的因素为黏聚力 c 值的变化。

表 6-25 中所示劣化值是指冻融 $n-1$ 次的黏聚力值与冻融 n 次的黏聚力值的差值。从表 6-25 中可以看出在 5 个含水量下，砒砂岩在经过初次冻融之后其黏聚力 c 值的劣化百分数最大，其中在含水量为 11.56%的情况下劣化系数达到了 92%；含水量为 17.14%的情况下，其黏聚力 c 的劣化值占到了 60%，这也充分说明了初次冻融对土体内部结构的破坏是最为严重的。

表 6-25　冻融循环下黏聚力的劣化速率

冻融次数	9.91%		11.56%		13.63%		15.2%		17.14%	
	劣化值/kPa	所占百分比/%	劣化值/kPa	所占百分比/%	劣化值/kPa	所占百分比/%	劣化值/kPa	所占百分比/%	劣化值/kPa	所占百分比/%
0	0	0	0	0	0	0	0	0	0	0
1	11.08	67	10.24	92	11.47	70	0.64	5	7.37	60
2	−5.68	−34	4.17	38	7.14	43	−4.45	−32	−8.33	−68
3	−0.67	−4	−5.98	−54	−2.95	−18	3.09	22	7.39	61
4	10.35	62	4.02	36	−11.94	−73	−4.7	−34	4.78	39
5	−3.6	−22	3.45	31	9.13	56	12.07	87	4.22	35
6	−4.95	−30	3.29	30	9.31	−57	6.04	44	−5.78	−47
7	10.11	61	−4.09	37	12.9	78	0.85	6	2.55	21

结合强度参数 c、φ 值的变化情况，依据冻融循环条件下抗剪强度参数值的

变化建立了砒砂岩强度参数劣化趋势函数式（6-16）和式（6-17），定义黏聚力 c 和内摩擦角 φ 劣化系数为

$$K_c = \frac{c_n}{c_0} \tag{6-16}$$

$$K_\varphi = \frac{\varphi_n}{\varphi_0} \tag{6-17}$$

式中　c_0，φ_0——未经冻融试样的黏聚力和内摩擦角强度参数值；

c_n，φ_n——冻融循环 n 次后试样的黏聚力和内摩擦角强度参数值。

由试验数据可知，c、φ 值是在5个不同含水量下得出的，为了避免含水量对抗剪强度参数的影响，我们定义 c_0、φ_0、c_n、φ_n 为各冻融次数5个含水量的平均值，所以劣化系数 K_c、K_φ 反映的是砒砂岩强度劣化相对量的变化。

从表6-26中得出的数据可以直观地看出内摩擦角的劣化系数 K_φ 都在95%左右，这也再次验证了冻融循环对砒砂岩内摩擦角 φ 值的影响并不大。

表6-26　强度参数平均劣化系数

冻融循环	0	1	2	3	4	5	6	7
K_c	1	0.86	0.88	0.86	0.87	0.78	0.82	0.74
K_φ	1	0.94	0.93	0.94	0.95	0.97	0.97	0.95

$$K_\varphi = -0.002\,1n^3 + 0.024\,2n^2 - 0.074\,5n + 0.997\,3 \tag{6-18}$$

$$K_c = -0.002\,4n^3 + 0.026\,5n^2 - 0.102\,4n + 0.981\,1 \tag{6-19}$$

对砒砂岩强度参数随冻融循环劣化系数曲线进行拟合，由图6-36可知，抗剪强度参数 c、φ 随冻融循环次数变化的曲线近似拟合成关于 n 的三次多项式。因为 K_c、K_φ 只是一相对量的变化分析，所以可以使用此拟合方程反映砒

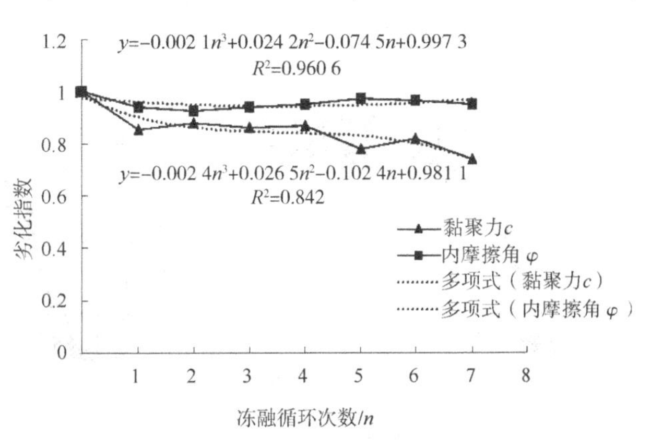

图6-36　砒砂岩强度参数裂化系数拟合曲线

砂岩强度参数的劣化分析。

6.4.3 冻融砒砂岩峰值强度与残余强度的关系

由图 6-37 实测的不同冻融循环次数下的 q-ε 曲线可以看出，在未经历冻融循环的时候其应力—应变曲线表现出典型的软化特性，特别是在围压为 50 kPa 的时候软化特性表现得更加明显。在冻融循环次数 $n>0$ 之后，随着冻融循环次数的增加，各个围压下砒砂岩的应力—应变曲线均呈现硬化的特性。在此本文引入系数 K_q来更直观地分析砒砂岩应力—应变曲线的变化，定义为

$$K_q=\frac{q_1-q_2}{q_1}\times 100\% \tag{6-20}$$

式中　q_1——峰值应力，kPa；

　　　q_2——试验结束时的残余应力，kPa。

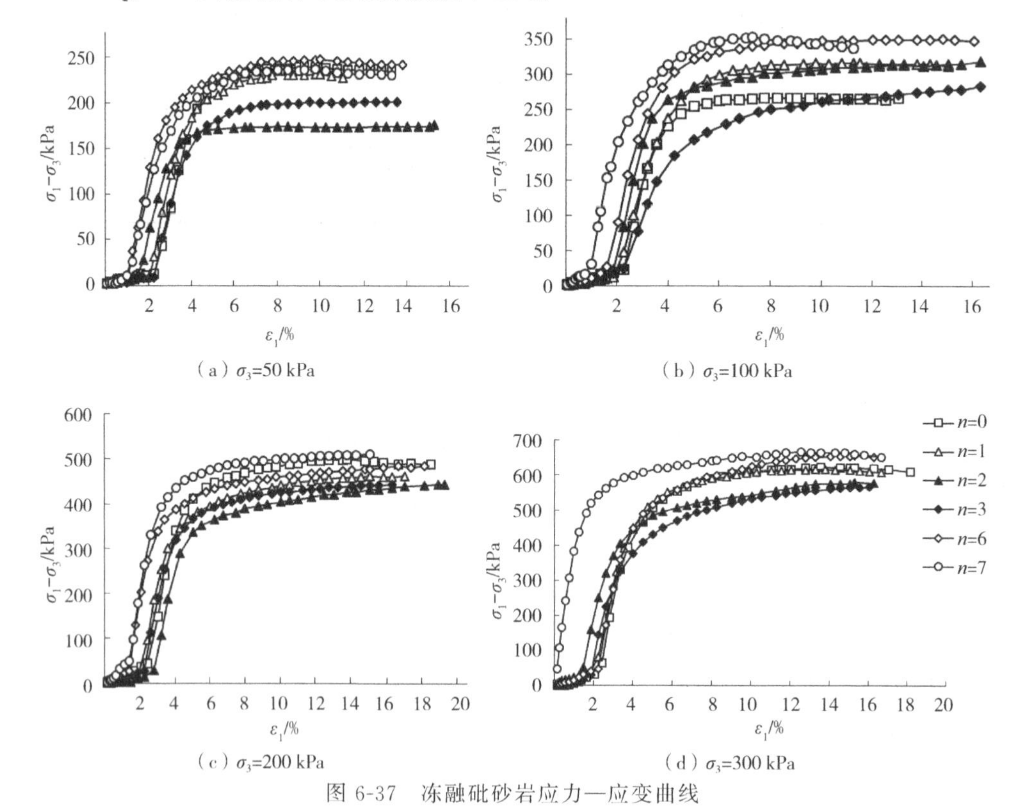

（a）σ_3=50 kPa　（b）σ_3=100 kPa

（c）σ_3=200 kPa　（d）σ_3=300 kPa

图 6-37　冻融砒砂岩应力—应变曲线

式（6-20）表明，$K_q<0$ 表示应力—应变曲线呈现出硬化特性，$K_q>0$ 则表示砒砂岩应力—应变曲线呈现出软化特性。K_q越小，砒砂岩应力—应变曲线的峰值应力值与最终的残余应力值越接近，软化特性表现得越不明显；反之亦然。$K_q=0$ 时，软化特性消失，开始转变为硬化型曲线。各冻融循环次数下应力软化系数 K_q见表 6-27。

表 6-27 应力—应变曲线软化系数

冻融循环			0	1	2	3	4	5	6	7
围压/kPa	50	q_1/kPa	240.07	231.64	175.68	201.31	228.79	221.96	247.73	237.13
		q_2/kPa	235.7	227.5	175.7	201	227.3	220.7	247.3	237.1
		K_q/%	1.8	1.8	0.0	0.0	0.7	0.6	0.0	0.0
	100	q_1/kPa	266.76	284.14	314.43	282.85	316.35	329.47	350.39	353.4
		q_2/kPa	266.9	284.9	318.8	282.8	314.9	329.3	350.2	352.9
		K_q/%	0.3	0.4	0.1	−1.4	0.5	0.0	0.0	0.0
	200	q_1/kPa	499.41	462.73	443.55	443.26	455.9	429.71	484.24	510.7
		q_2/kPa	507.8	462.7	442.9	443	455	427.9	484.2	510.4
		K_q/%	−1.2	0.0	0.1	0.1	0.2	0.4	0.0	0.0
	300	q_1/kPa	622.99	618.1	575.31	567.39	580.05	668.96	655.77	666.18
		q_2/kPa	621.5	619.4	579.2	567.4	579.3	667.3	655.8	665.5
		K_q/%	0.2	−0.2	−0.7	0.0	0.1	0.2	0.0	0.0

由此可知，针对在不同围压和冻融循环次数条件下砒砂岩重塑土试样的静三轴试验，分析不同围压下砒砂岩应力—应变曲线的软、硬化特性和强度参数劣化机制，得出以下结论。

（1）砒砂岩重塑土冻融循环试样大致都经历三个阶段：①近似完全弹性阶段；②应变硬化阶段；③屈服阶段。

（2）在含水量为13.63%时，各冻融循环次数下，砒砂岩重塑土的应力—应变曲线在不同围压值下都呈现出随着轴向应变的增加而增大的现象，并且在出现峰值强度之后，随着应变量的增加，其应力值增长比较缓慢，表现出典型的应变硬化型曲线。

（3）未经历冻融的砒砂岩应力—应变曲线表现出典型的软化特性，但随着冻融循环次数的增加，其应力—应变曲线软化特性消失，呈现出应变硬化特性。根据系数 K_q分析砒砂岩应力—应变曲线软硬化特性，K_q越小，砒砂岩应力—应变曲线的峰值应力值与最终的残余应力值越接近，软化特性表现得越不明显；反之亦然。$K_q=0$ 时，软化特性消失，开始转变为硬化型曲线。

第7章　砒砂岩微细观结构特性

土体微细观结构是指结构单元体（由矿物颗粒集合体组成）之间的相互联系、相互作用的方式和秩序，包括结构单元体的大小、形状、排列组合方式及其结构连接状况[92]。对于沙土来说，微细观研究的主要目的在于探索颗粒排列、孔隙分布、颗粒接触点的密度和方位、接触处的受力状态、颗粒间相对位移的方式、颗粒本身变形性能，以及颗粒棱角的破碎和颗粒自身被压碎的可能性问题[93]。其实对于土体的颗粒排列、孔隙分布、颗粒胶结等因素来讲，无论是形态还是排列方式均很难准确表达。同时，在不同的环境条件下，土体的微观结构会产生很大的改变，由于土体的微细观结构影响宏观体系上的表现，所以对于土微细观结构状态的研究具有重要的意义。

7.1　砒砂岩散体颗粒

动态图像颗粒分析系统是一种内置循环分散系统和高速摄像机的图像粒度与形貌分析系统。它是显微成像技术、自动控制技术、图像处理技术结合高科技产品。利用BT-1800动态颗粒粒度分析系统观测砒砂岩散体的颗粒形状及状态。

与颗粒初始定向性相联系的各向异性首先取决于颗粒形状，颗粒的长径比（$R=r_1/r_2$）是一个重要的特征量，而颗粒表面摩擦特性对各向异性也有一定的影响。颗粒定向性用长轴与层面之间的夹角γ表示，如图7-1所示。砒砂岩的动态分析图像如图7-2所示，图中试样颗粒以水为介质均匀地分布在视野中，有少部分的颗粒磨圆度较圆，大部分的颗粒呈细长形态存在；颗粒表面有锯齿状结构分布，这种锯齿状的结构在紧密压实状态下主要提供内摩擦力。砒砂岩颗粒长径比为1：1.28，磨圆度为0.89，较大的长径比和磨圆度决定了砒砂岩具有显著的各向异性性质。

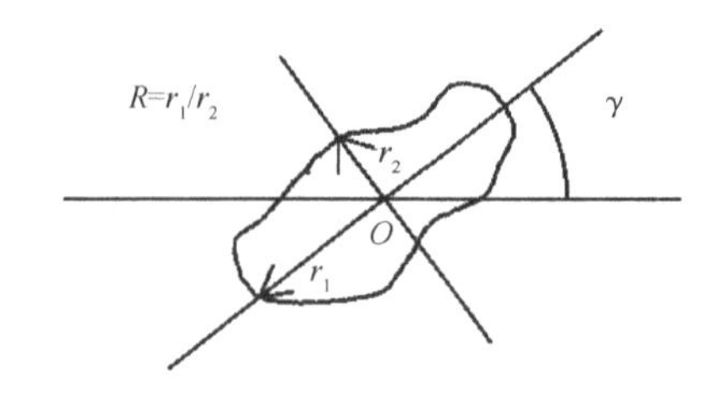

图 7-1 颗粒定向性

图 7-2 砒砂岩的动态分析图像

研究砒砂岩微观结构发现，组成砒砂岩的颗粒物质结构致密，具有一定的强度。颗粒表面粗糙，相互间具有较强的摩擦力和咬合力，但由于颗粒粒径较单一，细小颗粒含量低，颗粒间的空隙无法弥补，所以颗粒间又会出现裂隙，顺着这些裂隙雨水很容易下渗，砒砂岩的容重大，在重力作用下，容易造成崩塌、塌陷，这是砒砂岩侵蚀的主要原因。

7.2 原状砒砂岩的微观结构

原状砒砂岩是半成岩，固体结构构成其基本骨架，结构间存在大量孔隙，空隙中填充水和空气。SEM（扫描电子显微镜）对原状砒砂岩的微观结构进行直接的观察，具有直观、简洁、方便的特点。可以获取砒砂岩的微观形态，从微观结构了解砒砂岩结构、颗粒间隙、颗粒间连接形式等。

7.2.1 试件制作及扫描电镜实验步骤

将原状砒砂岩烘干后选取 1 cm^3 左右立方块，在试样平整的一面涂上导电胶，然后粘在铜靶上，并标记实验组号；用真空仪对试样进行真空升华，去除水分对微观结构观测的影响。为了防止试样移动造成图像不清晰，用导电胶将试样固定在实验台上；先在低倍放大情况下找到试样位置和具有代表性的视野，然后逐级放大观测倍数观测试样微观形态，并及时进行存储。为揭示砒砂岩微观结构特性，对砒砂岩分别放大 50 倍、200 倍、500 倍、1 000 倍，进行砒砂岩微观结构特征的观测。

7.2.2　扫描电镜下砒砂岩结构特征

砒砂岩土体微观结构的颗粒排列、孔隙大小以及各向异性的特点对其宏观力学性质的研究具有重要作用。扫描图片如图 7-3 所示。

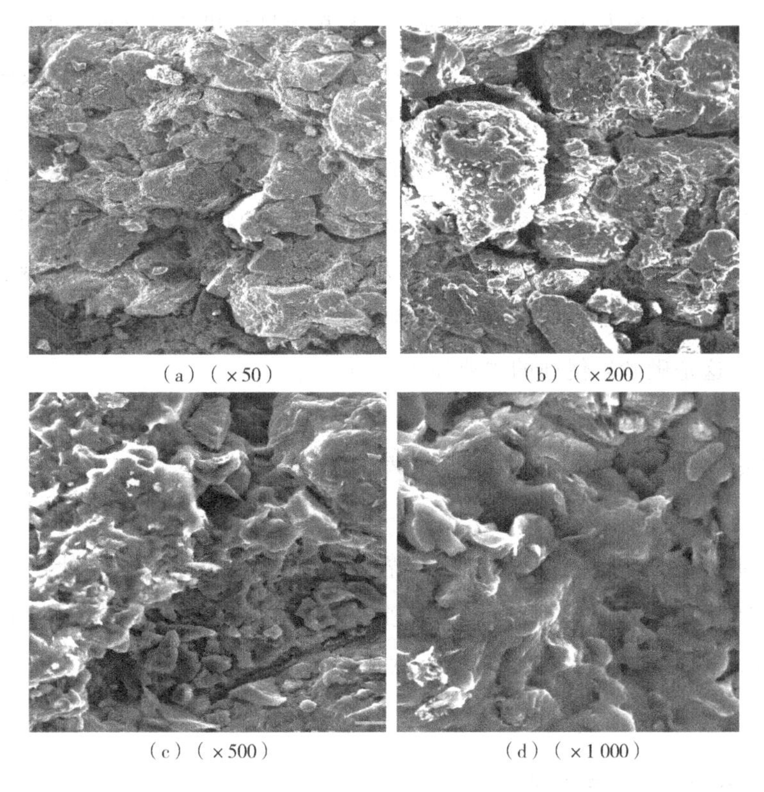

图 7-3　砒砂岩（×50）、（×200）、（×500）、（×1 000）扫描电镜照片

观察放大 50 倍的图 7-3（a），砒砂岩颗粒大小分布较均匀，颗粒都具有一定圆度，有明显突出的尖棱角，颗粒粒径较单一且相对独立，颗粒的排列方式比较紧密，颗粒间界线较明显，颗粒之间的孔隙分布较广且相互贯通，孔隙之间的粘结物质较少，表面零星分布一些细小颗粒，能清晰地观察到单个颗粒的外轮廓。放大 200 倍的图 7-3（b），电镜视野相对减小，颗粒相对独立的状态更加直观明显，颗粒间的孔隙分布无规则且基本无黏性物质填充。观察颗粒排列情况，发现颗粒有按照长短轴定向排列的规律，即颗粒在沉积过程中，颗粒的长轴方向会与水平方向保持大致的一致，

这也是砒砂岩在宏观方面表现出不同取样角度所拥有的有差异的力学性能的根本原因。图 7-3（c）放大 500 倍时，视野范围内颗粒表面结构形态各异，棱角分明，颗粒表面凸凹不平，且表面有微小颗粒附着，颗粒本身没有大的空洞和裂隙，颗粒之间的间隙无粘结物质。在视野中还有一些游离的细小颗粒，表明表面有其他物质的附着。图 7-3（d）放大 1 000 倍，颗粒表面较粗糙呈絮状结构分布，絮状结构本身连接致密，表面有层片状板结颗粒；絮状结构中分布有细小的空洞，表明构成砒砂岩颗粒的物质是致密的，表面凸凹不平，这是砒砂岩构成物质的晶体结构。

从砒砂岩微细观结构可以发现，砒砂岩颗粒的构成物质结构致密，具有一定的强度。颗粒表面粗糙，相互间具有较强的摩擦力和咬合力，但由于颗粒粒径较单一，细小颗粒含量低，颗粒间的空隙无法弥补，所以颗粒间又会出现裂隙，顺着这些裂隙雨水很容易下渗，砒砂岩的容重大，在重力的作用下，容易造成崩塌、塌陷，这是砒砂岩侵蚀的主要原因。

7.3 冻融作用对砒砂岩表观性质的影响

为了更好地研究冻融作用对砒砂岩微观结构的影响，本文使用德国莱卡（Leica）公司生产的超景深显微镜对砒砂岩重塑土的冻结前、冻结中、融化后以及烘干后的试样的表面结构变化进行观测。试验含水量取值范围为 8%、10%、12%、14%、16%。

7.3.1 冻结时砒砂岩表观结构

图 7-4 所示为含水量为 8%、10%、12%、14%、16%的砒砂岩试样冻结时的表观结构。由图中可以看出：当砒砂岩的含水量为 8%、10%时，砒砂岩试样出现微量的冰晶；随着砒砂岩试样含水量逐渐增加到 14%时，试样表面冰晶的数量也逐渐增多；而当砒砂岩试样的含水量为 16%时，砒砂岩试样表面冰晶的数量远远多于其他 4 个含水量。由上述试验现象可以解释前文中所得到的结论，即较小含水量的砒砂岩试样在冻结过程中不发生冻胀或者冻胀量很小，而含水量较大的砒砂岩试样冻胀量很大。土体在冻结过程中发生冻胀的原因是由于在冻结

过程中土体孔隙中的水分变成冰晶体积增大。当砒砂岩试样的含水量很小时，冻结过程产生的冰晶很少，此时土体中有足够的孔隙容纳水分变成冰晶所引起的体积变化，相应的土体颗粒间的结构也不会发生变化，所以此时砒砂岩试样的冻胀量很小甚至没有冻胀量；而对于含水量较大的砒砂岩试样而言，随着砒砂岩试样孔隙中的水分逐渐增加，冻结过程中产生的冰晶数量也越来越多，此时试样中的孔隙不能完全承担水分变成冰晶所引起的体积变化，即土颗粒间的作用不能完全束缚冰晶的膨胀，从而导致土颗粒间的连接作用破坏，此时砒砂岩试样的冻胀量随含水量的增加而逐渐增大。

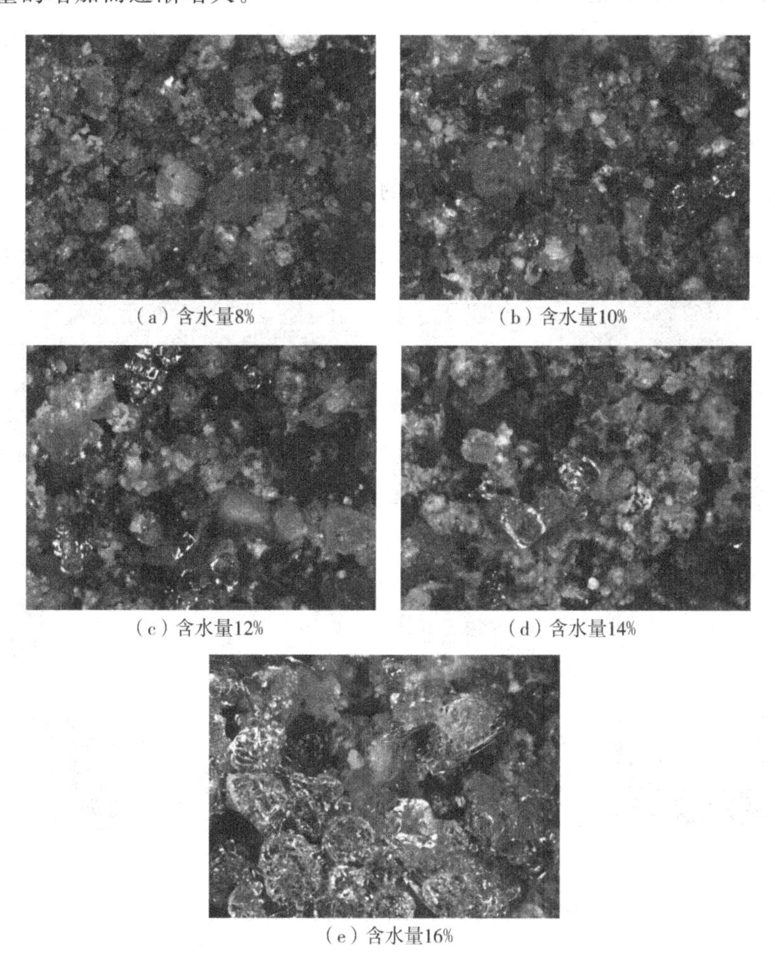

(a) 含水量8%　(b) 含水量10%　(c) 含水量12%　(d) 含水量14%　(e) 含水量16%

图7-4　砒砂岩试样冻结时的表观结构

7.3.2 冻融作用下砒砂岩表观地形图

将砒砂岩冻融前后的表面地形量化，就能够反映冻融对砒砂岩结构的影响。图 7-5所示为含水量为 8%、10%、12%、14%、16%时砒砂岩试样冻融前后的地形图，该图反映经一次冻融循环后砒砂岩试样表面高度的变化，图中颜色的深浅与砒砂岩试样表面的高低呈对应关系，颜色越浅代表着此处的表面越高，颜色越深代表着此处的表面越低，即图中白色部分表示试样表面的最高点，黑色部分则表示试样表面的最低点。图中比例尺的 0 点表示该表面的最高点（白色部分），而刻度上的数字表示某点处距最高点的距离，图 7-5（g）、（h）中比例尺刻度的单位为 mm，其他图刻度的单位均为 μm。如 0.2（50）表示该点距离最高点的距离为 0.2 mm（50 μm）。由图中可以看出所有含水量条件下的砒砂岩试样经过一次冻融之后，砒砂岩表面均发生了一定的变化。

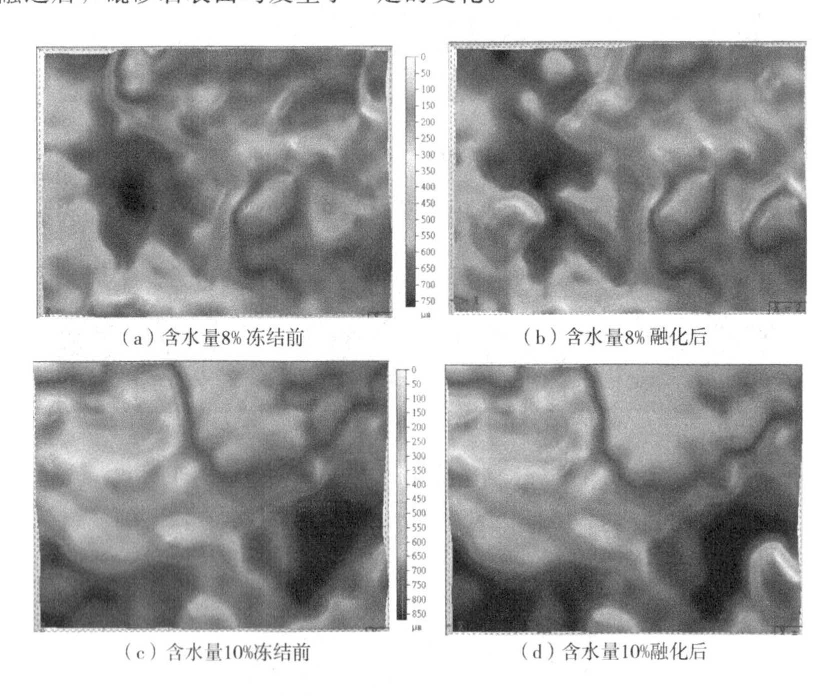

（a）含水量8% 冻结前　（b）含水量8% 融化后

（c）含水量10%冻结前　（d）含水量10%融化后

图 7-5　砒砂岩试样冻融前后的地形图

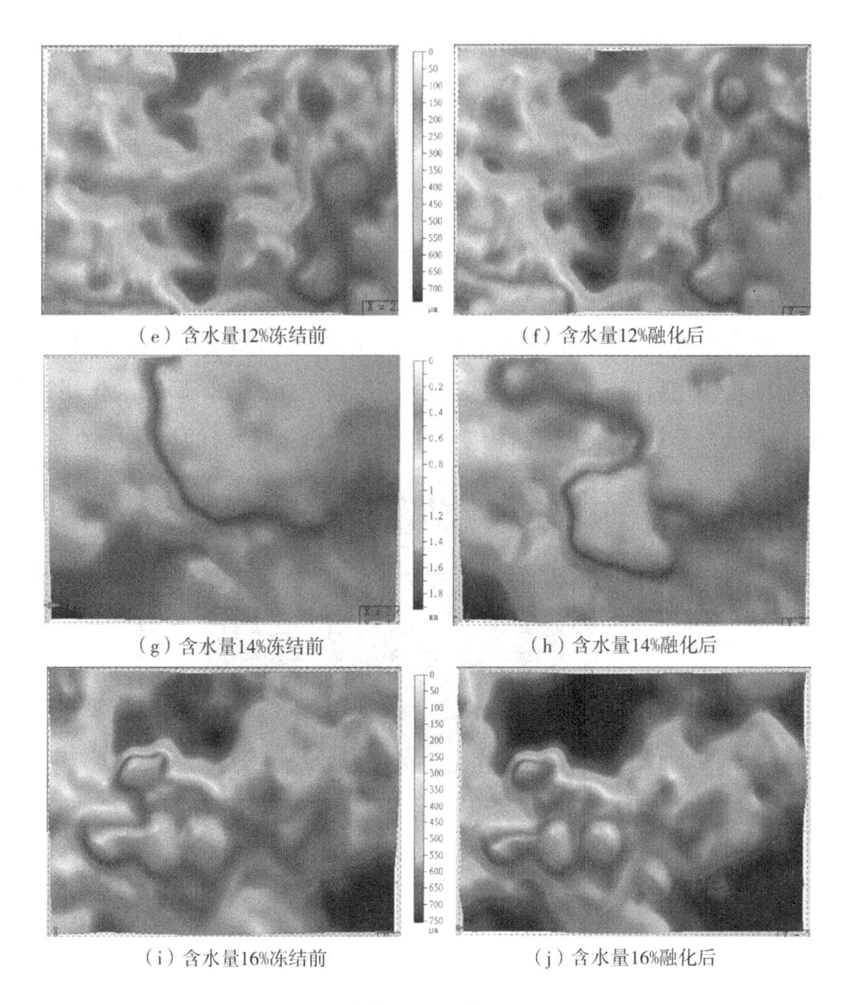

图 7-5 （续）

7.3.3 冻融作用对砒砂岩表观结构的影响

为了更加直观地了解试样表面的土颗粒经过冻融循环作用后的位置变化，使用 Leica Map 功能软件以观测试样的 25%、50%、75%处为分界线将试样分成 4 等份。分析三条分割线（分别用 A、B、C 表示）上的土颗粒经过冻融循环作用后的位置变化。取含水量最小的 8%和最大的 16%为例进行量化分析。图 7-6 所示为试样分割示意图，图 7-7 所示为含水量为 8%、16%时，试样 A、B、C 分割线上的土颗粒经过一次冻融的位置变化情况。由图 7-7 可以看出：含水量为 8% 的试样经过冻融循环作用后，A、B、C 分割线上土颗粒的位置发生了微小的上下移动，移动的最大位移分别为 88.9 μm、93.3 μm、95.2 μm；而对于含水量为 16% 的试样经过冻融循环作用后，A、B、C 分割线上的土颗粒的位置发生了较大的变化，移动的最大位移分别为 656.5 μm、643.2 μm、831.4 μm。从上述现象可以说明：在经过一次冻融循环之后，低含水量的砒砂岩试样的结构变化较小，而高含水量的砒砂岩试样结构发生了较大的变化。但融解期无论是发生 A 现象还是 B 现象，经过冻融作用后砒砂岩试验的高度均高于其初始高度，即冻融作用过程中冻胀量大于融沉量，导致试样土体结构变得松散，加速砒砂岩的风化侵蚀。

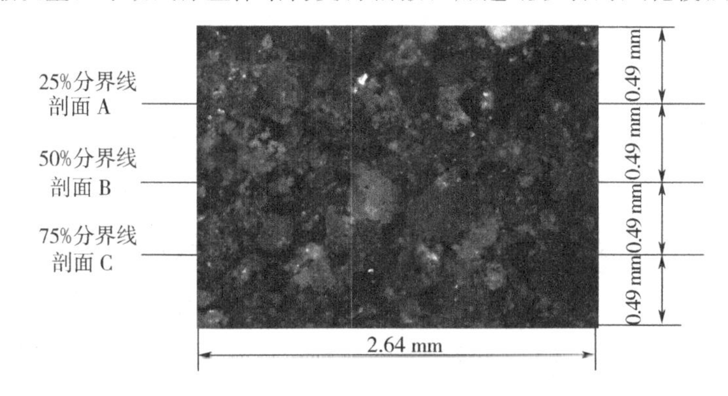

图 7-6 试样分割示意图

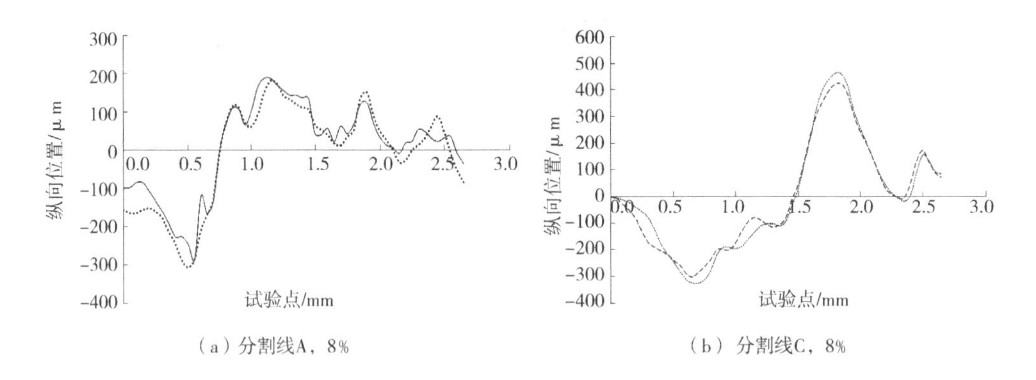

（a）分割线A，8%　　（b）分割线C，8%

图 7-7 试样冻融前后分割线土颗粒位置对比图

通过对砒砂岩试样的表观结构分析可知，经过冻融循环作用后，含水量较低的砒砂岩试样的结构变化较小，各分割线上发生移动的最大位移为 95.2 μm；而

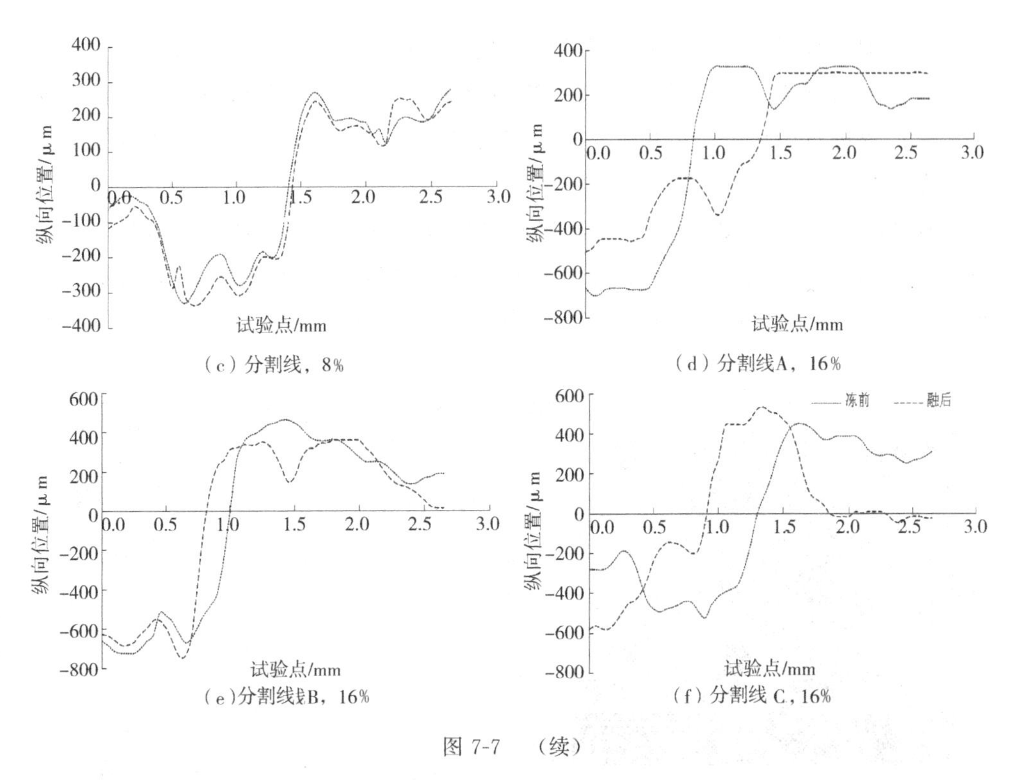

(c) 分割线，8%

(d) 分割线A，16%

(e)分割线B，16%

(f) 分割线C，16%

图 7-7 (续)

含水量较高的砒砂岩试样的结构发生很大的变化，当含水量为16%时，各分割线上发生移动的最大位移为831.4 μm。

总之冻融作用会引起砒砂岩颗粒间的重新排列，使得砒砂岩土体的孔隙特征发生变化。而孔隙的变化必然导致土体骨架特征发生相应的变化，使传力结构的体系发生内部位移，因此冻融循环作为一种温度变化的具体形式，可以理解为一种特殊的强风化作用，对砒砂岩的结构有着强烈的影响。

7.4 冻融循环下砒砂岩微观结构的分析

7.4.1 IPP 图像技术

IPP（Image-Pro Plus）是图像分析软件，可以对微观结构作定量分析。利用SEM图像结合IPP软件对砒砂岩孔径和孔隙面积进行测量，通过研究孔隙变化分析冻融作用对砒砂岩结构的损伤。

使用 IPP 软件之前首先对参数进行设定和微调。在默认的亮度格式中，图片灰度越黑数值越小，越白数值越大；SEM 图像越黑代表孔隙越深，光密度值越大，所以要进行图像的亮度格式转换。然后进行单位标尺的校正，把几何数据的像素单位转换成实际的长度单位。

IPP 软件进行图像测量首先要选定测量参数和设定灰度阈值，采用多人多次的目视分割法，在默认灰度阈值基础上对比原图像进行微调，如图 7-8 所示，同时通过测量过滤来滤除掉各种杂质点，确定图片测量区域。

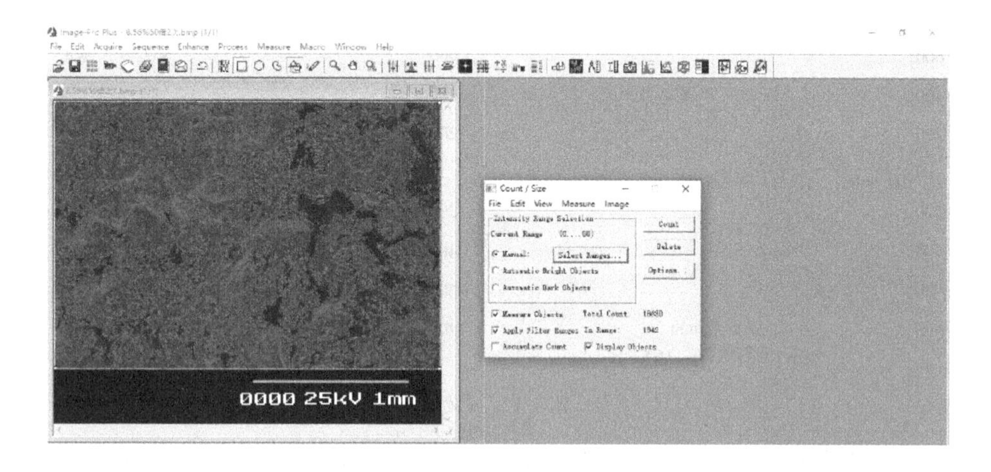

图 7-8　测量操作界面

IPP 软件可以自动分析图像，并对每个测量对象进行标记，然后将数据导出至 Excel 表格，以方便后期数据分析成像，如图 7-9（a）所示。此外，利用其数据可视化功能可建立两个测量参数关系。图 7-9（b）所示为放大倍数 $B=50$、冻融次数 $n=2$、初始含水量 $\omega=8.56\%$时孔隙面积与孔隙直径的相关关系。

7.4.2　砒砂岩冻融及成像数据提取

将制好的试样放入高低温交变湿热试验箱 H/GDWJS-100L，采用封闭系统自由冻结。根据准格尔旗多年的地温变化，冻结温度取－17 ℃，融解温度取 20 ℃。由冻结试验知 6 h 后砒砂岩已充分冻结或融解，所以冻结、融解各进行 6 h完成一次循环。冻融循环进行 0 次、2 次、10 次、15 次、30 次，深入研究冻融循环次数对砒砂岩结构损伤的影响。

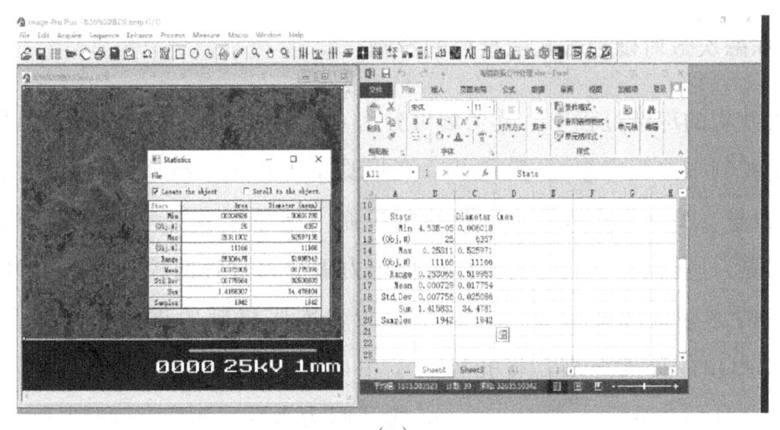

（a）

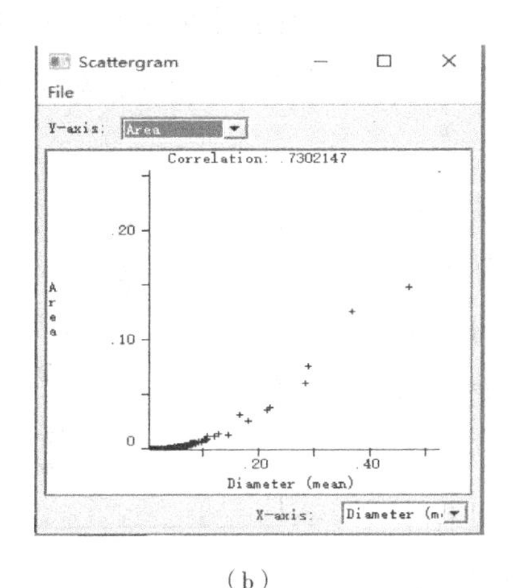

（b）

图 7-9　数据导出对话框、孔隙面积与孔径的关系

将冻融完成试样进行扫描，为使结果具有代表性和普遍性，扫描分析点选择在砒砂岩试样表面沿垂直层理方向上颗粒和孔隙分布较均匀的地方，同时选取较大的分析窗口。同一砒砂岩冻融试样制备多个 SEM 样本，并取多个扫描点，然后对测得的结果取平均值。砒砂岩结构松散、颗粒平均粒径较大，故选取 50 倍、200 倍和 600 倍相对较小的放大倍数。微观结构随着放大倍数的增加，扫描图片选取范围越来越小，间隙度指数升高，孔隙分布的不均匀体现出异质性，但仍能够较准确地反映其细观结构[94-97]。试验对 50 倍 SEM 图像做定量分析对照，200 倍、600 倍 SEM 图像对砒砂岩形态进行解释和理论验证。

7.4.3 冻融次数对砒砂岩孔隙直径的影响

在砒砂岩的冻结过程中，其变形可分为4个阶段：阶段Ⅰ，变形受砂岩骨架的热变形控制（热胀冷缩）；阶段Ⅱ，变形受主干孔中水结冰的控制（毛细管机制）；阶段Ⅲ，变形受次级孔中水结冰的控制（结晶压机制、体积膨胀机制及静水压力机制）；阶段Ⅳ，变形受试样内部应力重分布过程的控制[98]。孔径大小对于砒砂岩的冻融破坏非常重要，它是砒砂岩冻胀机制的重要影响因素。根据P. Lutz等提出的分类标准，将孔径大于1 000 μm的孔归为大孔，位于0.1～1 000 μm的孔归为介孔，小于0.1 μm的孔归为微孔。图7-10和图7-11可以表明，砒砂岩孔径主要以介孔为主，而介孔中的水是以毛细水为主，但当尺寸较大或较小时也会存在部分重力水和吸附水，因而介孔对应的冻胀破坏以阶段Ⅱ和阶段Ⅲ为主。

由图7-11（d）明显可以看出，冻融作用后的砒砂岩中夹杂着许多较大孔隙，可知冻胀产生的基本原因不单是因为简单的孔隙水结冰膨胀，更主要的是由于水分在冻胀过程中的不断迁移、集聚，使得冰晶增长，产生压力，形成肉眼可以看见的较大冰晶。孔径过大时产生的是原位冻结，过小则会导致水分迁移量不足，所以孔径过大或过小都不容易产生明显冻胀。有研究提出，只有当孔径在0.1～10 μm范围内才产生冻胀，孔径大于10 μm或小于0.1 μm均不产生冻胀，1～5 μm为最佳冻胀孔径[99]。从图7-10可以看出砒砂岩孔径绝大部分在4～6 μm，属于介孔中的较佳冻胀孔径。

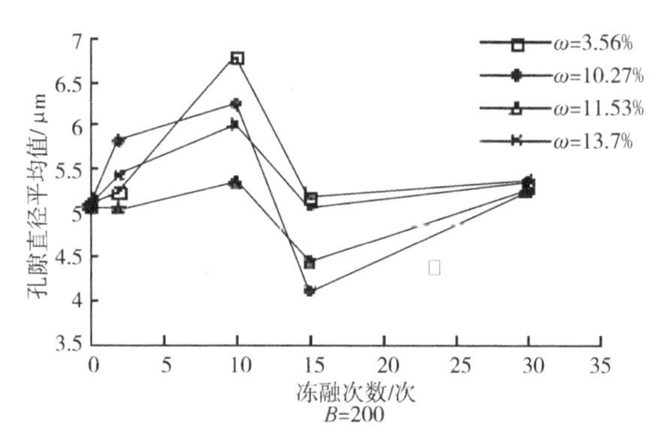

图7-10 孔隙直径平均值随冻融次数变化的关系

从图7-11可以看到，冻融两次后砒砂岩表面出现孔隙扩展现象，冻融10次后已经出现片状剥落。砒砂岩的孔隙率较高，水分在砒砂岩矿物表面形成浸润和

(a) (b) (c)

(d) (e)

图 7-11 初始含水率 ω=10.27%时 SEM 图像

注：(a) $B=200$，$n=2$；(b) $B=200$，$n=10$；(c) $B=200$，$n=30$，未处理的 SEM 图像；(d) $B=200$，$n=30$，处理过的黑白二值图像，黑色区域代表孔隙，白色区域代表砒砂岩基质；(e) $B=600$，$n=15$

吸附，结构联系被削弱；冻融过程中岩样内部水冰相变导致结构不均匀缩胀，致使岩样表面出现局部损伤，游离的颗粒开始脱落，如图 7-11（a）所示；随着冻融循环次数增加，岩样微孔隙不断发展，表面微裂纹萌生出现软化层，开始出现片状剥蚀，同时岩样微孔隙不断发展，汇合贯通，产生宏观孔隙，出现块状脱落，如图 7-11（b）所示。当砒砂岩表面孔隙沿某一软弱层理方向显著发展，融化时水分又开始迁移，再次冻结产生冻胀，造成新的破坏，如此反复，冻融破坏不断加深，最终岩样断裂。

在水分垂向迁移过程中形成的垂向冰脉作用下，砒砂岩的横向构造剖面成多边形形态，其中以孔径分布在 1～3 μm 的六边形和不规则四边形为主，构成蜂窝状结构，如图 7-11（e）所示。

7.4.4 冻融次数对砒砂岩孔隙面积的影响

砒砂岩冻融破坏的本质就是孔隙水相变成冰的过程中，引起孔隙压力增加从而导致其结构扩展的结果。由于冻结过程中砒砂岩变形并非各向同性，冻融破坏主要出现在垂直层理方向上，所以拍取砒砂岩试样表面沿垂直层理方向上的电镜图片，通过分析其孔隙变化来反映冻融循环对砒砂岩结构的损伤破坏。

图 7-12 所示为特定含水量下砒砂岩内部孔隙平均面积随冻融次数的变化。从图中可以看出初始含水量不同，冻融次数对孔隙面积的影响不同。但各曲线整体走势基本保持一致，呈现出先增大再减小然后趋于小幅波动。当冻融 10 次左右时孔隙面积均值达到最大。这与图 7-10 的孔径变化一致，表明砒砂岩冻融循环 10 次左右后冻胀作用明显减弱。

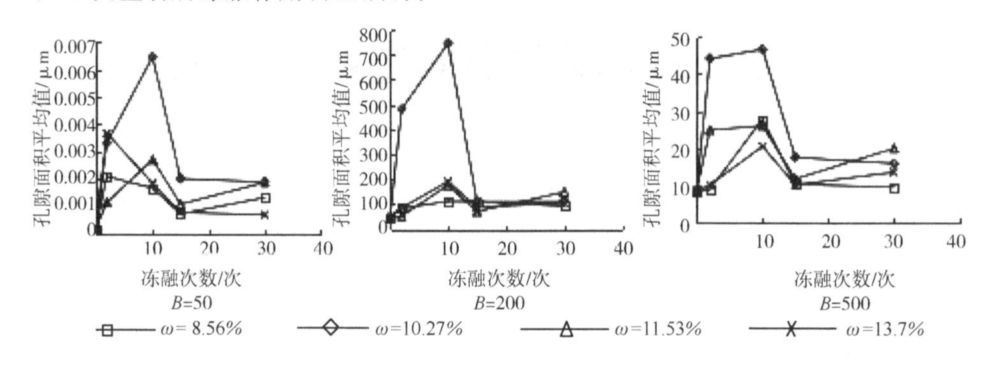

图 7-12 孔隙平均面积随冻融次数的变化

砒砂岩冻结融化过程伴随着岩体的冻胀与融沉。从图 7-12 中可以看到当冻融次数 n 从 0 到 10 变化时曲线处于上升阶段，砒砂岩孔隙面积逐渐变大。这是因为在冻结时，孔隙中部分水分冻结成冰导致原有的热力学平衡被打破，在温度梯度影响下未冻结区内水分向冻结锋面迁移并遇冷成冰。与此同时，冻结锋面附近各相成分的受力状况发生变化，砒砂岩骨架受拉分离，水分聚集形成所谓的冰透镜体。随着冻结锋面推进以及水分进一步迁移和集聚，砒砂岩岩体体积逐渐增大，发生冻胀现象，岩体孔隙变大。而融化时，冰融化成水，大孔隙虽然有所收缩，但终不能恢复到冻结前的细小孔隙，再次冻结时在此基础上孔隙继续增大。因此，冻融初始阶段孔隙面积随冻融次数增加会出现逐渐增大的过程。当冻融循环从10次到15次变化时，砒砂岩孔隙面积急剧减小，这是因为冻融循环达到10次以后，砒砂岩孔径已经增大到临界值，继续冻融，砒砂岩颗粒将产生剥离，岩体结构逐渐被破坏，如图7-11（c）所示。当n从15到30次变化时曲线趋于平稳，这是由于片状剥落物对较大孔隙的填充使岩体结构处于新的稳定平衡，孔隙面积随之趋于平稳，但其仍大于初始冻融孔隙面积。

7.4.5　初始含水量对砒砂岩孔隙面积的影响

初始含水量是砒砂岩冻融破坏的主要影响因素，冻结过程中水分迁移是产生砒砂岩冻胀的主要原因。研究表明，初始含水量本身对水分迁移并无影响，真正产生影响的是水分的相变作用所延缓冻结锋面的推进能力，这种能力使冻结过程延长，为未冻区内水分向冻结锋面迁移提供的有效时间增多，迁移水分的积累量增加，客观上表现为初始含水量对水分迁移的作用[91]。

图7-13反映了孔隙平均面积随初始含水量变化的规律。随初始含水量的增大砒砂岩孔隙面积先增大再减小，然后趋于波动。当冻融次数在一定范围内时，初始含水量对冻融破坏的影响和前面讨论的冻融次数对它的影响具有相似性。当冻融次数较大时，表现出随含水量的增大孔隙面积在某值附近小幅波动，主要是因为此时冻融次数对它的影响控制要远大于含水量，即当$n>10$时，即便含水量是8.56%，砒砂岩的结构性损伤也已经出现。

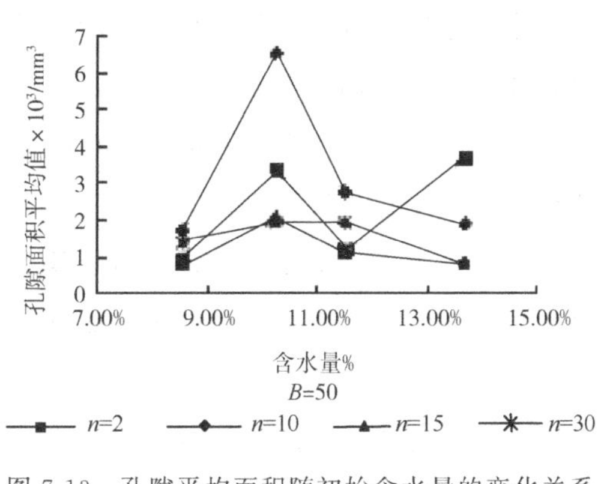

图7-13　孔隙平均面积随初始含水量的变化关系

图7-13中冻融次数$n=2$时，对于初始含水量ω从11.53%到13.7%变化时孔隙面积均值所出现的大幅度上升，主要是由于此时砒砂岩的结构特性尚未遭到完全破坏，而且由于初始含水量较大，伴随着冻结与融化，砒砂岩的一些孔隙得以发展、连通。冻结过程中水分迁移并集聚于此形成体积较大的冰透镜体。当ω从10.27%到11.53%变化时曲线出现的下降走势，主要是由于微孔隙的发展导

致测量对象基数的增加，从而所求平均值会有所降低。

结合图 7-12 和图 7-13 可以发现，存在一个使得初始含水量和冻融次数对砒砂岩结构损伤影响占主控地位的转换阈值。从图 7-12 可以分析出，当 $\omega \in$ [8.56%，11.53%] 时，冻融次数影响比重的转换阈值在 2～15 次；当 $\omega =$ 13.7%时，冻融次数影响比重的转换阈值小于 10 次。从图 7-13 中可以分析出，当冻融 2 次时，初始含水量影响比重的转换阈值大于 11.53%；当冻融 10 次时，初始含水量影响比重的转换阈值在 8.56%～11.53%；当冻融次数大于 10 次时，初始含水量影响比重的转换阈值小于 10.27%。

基于 SEM 图像技术并结合 IPP 软件强大的图像分析功能，通过对不同初始含水量的原状砒砂岩做不同次数的冻融循环，研究孔隙特征随冻融次数和初始含水量的变化规律，得出以下结论。

（1）砒砂岩的孔径大部分属于介孔中的最佳冻胀孔径，对应的冻胀破坏以受主干孔中水结冰控制（毛细管机制）的阶段Ⅱ和受次级孔中水结冰控制（结晶压机制、体积膨胀机制及静水压力机制）的阶段Ⅲ占主要。因此，砒砂岩区表层砒砂岩经历冬春、秋冬气温交替频繁季节结构更疏松，受反复冻融和重力侵蚀共同作用，表层岩土体更容易剥落，每年春季沟道下面都有大量的砒砂岩土体堆积。

（2）砒砂岩随着冻融次数的增加孔隙面积先增大再减小，冻融 10 次左右时达到最值，然后趋于平缓。这是由于砒砂岩结构破坏随冻融次数变化的临界值在 10 次左右，小于 10 次时砒砂岩的结构特性未被破坏，孔隙还处于冻胀发展阶段，10 次之后岩体结构逐渐破坏，由于脱落的片状颗粒的填充导致孔隙面积均值减小且趋于新的平衡。随初始含水量的增加孔隙面积也是先增大再减小，含水量在 10%左右对冻融循环影响最大，更容易产生孔隙。表明砒砂岩表层结构在反复冻融的过程中会存在短暂平衡，但由于在重力、风力等外力作用下，表层剥落，重新暴露出来的砒砂岩土体含水量再次发生变化，进入下一界面冻融循环，因此侵蚀不断进行。

（3）目前针对 SEM 图像的形态和定量分析还普遍处于分开处理的阶段，自动化程度比较低，分析过程中的人为因素、客观因素较多。而专门的 SEM 图像分析软件又具有很强的局限性尚不能做出推广，尤其针对砒砂岩这种松散结构岩体。

IPP 软件集形态分析和定量分析于一体自动化程度比较高，降低了人为因素的干扰。本文使用 IPP 软件对砒砂岩的 SEM 图像做了一些探索性的应用，能够反映砒砂岩在冻融循环作用下的孔隙变化规律，为类似砒砂岩土体的结构分析提供新的方法。

7.5 冻融循环下砒砂岩微孔隙的特征

对于砒砂岩使用 AutoPore Ⅳ Series 压汞仪进行，该压汞仪型号为 AutoPore® Ⅳ 9500（见图 7-14），分析其孔尺寸分布、总孔体积、总孔面积。

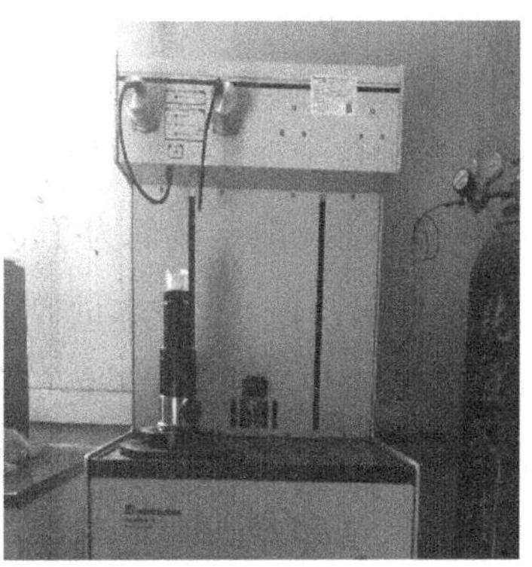

图 7-14 AutoPore® Ⅳ 9500 全自动压汞仪

将含水量分别为 8.56%、10.27%、11.53%和 13.7%的砒砂岩冻融循环8 次后的试件取出烘干，并把砒砂岩原状试块，用胶头滴管滴入蒸馏水，使它们的含水量分别达到 8.56%、10.27%、11.53%和 13.7%，然后经过 24 h 的充分浸润，使得水分完全渗入试块内部，再烘干后，进行压汞试验，即把不同含水率砒砂岩冻融前后进行孔隙对比。

孔的定义范围可分成大孔、中孔和微孔。根据土的孔隙分类：①非活性孔隙：半径 d 小于 2 μm，土壤水吸力大于 150 kPa，此类孔隙特点为最细孔隙，束缚水，非活性，无效孔，移动慢，枯质土中非活性孔隙多，耕性差，枯着力强；②毛管孔隙：半径 d 在 2～20 μm，土壤水吸力是 15～150 kPa，毛管孔隙具有毛管作用，孔隙中水的毛管传导率大；③通气孔隙：孔隙粗大，半径 d 大于20 μm，孔隙中的水分在重力作用下排出，或为通气的通道，称为通气孔隙（空气孔隙）。其中可根据：

$$d = 3/T \tag{7-1}$$

式中 T——土壤水吸力；

d——当量孔径，μm。

7.5.1 微观孔隙及关联度分析

原状砒砂岩孔径分析表见表 7-1，其中孔径分类参考国际最新的孔隙分类标准，细分为 6 个级别，分别是＞75 μm、30～75 μm、5～30 μm、0.1～5 μm、0.01～0.1 μm 和＜0.01 μm。其中孔容又称孔体积，表示单位质量多空固体所具有的细孔总容积；孔隙率是指材料中孔隙体积与材料在自然状态下总体积的百分比。根据压汞仪所测孔径数据，砒砂岩孔径均大于 30 μm。含水量为 8.56％时，砒砂岩的总孔隙率最低为 11.94％，而在含水量为 11.53％时，总孔隙率到达最大值，占 14.15％。含水量增加到 13.7％时，孔隙率反而减小，为 12.55％，产生这样的现象原因应是砒砂岩的含水量在小于 13.7％时趋于饱和，不能产生更大的孔隙。在孔径大于 75 μm 时，随着含水量的增加，孔容所占比分别是 10.4％、10.85％、11.56％和 10.22％。所对应的孔隙率则分别为 1.242％、1.336％、1.636％、1.283％。以大于 75 μm 的孔径为例，下面以此类推，可以看出这 3 种不同孔径的孔隙率都是在含水量为 11.53％时达到最大值，然后继续减小。

表 7-1 原状砒砂岩孔径分析表

含水量/％	总孔隙率/％	不同孔径孔容及占有孔隙率/％					
		＞75 μm		30～75 μm		5～30 μm	
8.56	11.94	10.4	1.242	7.66	0.914	81.94	9.784
10.27	12.31	10.85	1.336	9.07	1.117	80.04	9.853
11.53	14.15	11.56	1.636	16	2.264	72.94	10.321
13.7	12.55	10.22	1.283	10.76	1.351	79.02	9.917

根据试验所测数据，无法直接判断哪个孔径大小的孔隙占有率对冻融前试件的含水量影响最大，所以可以采用灰色关联度分析来进行比较。计算得到灰色关联系数，见表 7-2。

表 7-2 关联系数 ξ

序号	ξ_1	ξ_2	ξ_3	ξ_4
1	1	0.819 939 503 653 771	0.950 009 769 290 305	0.498 929 218 822 797
2	1	0.961 975 432 221 001	0.333 333 333 333 333	0.822 006 526 650 490
3	1	0.745 774 813 312 947	0.745 774 813 312 947	0.490 518 770 050 802

分别计算每个指标的关联度 r，得到 3 个孔径，即>75 μm、30～75 μm、5～30 μm的关联度分别为 0.817 219 622 941 718、0.779 328 823 051 206、0.723 880 761 971 531；由此可以得出大于75 μm的孔径对含水量的影响是最大的。

表 7-3 中，经过冻融后的试件与础砂岩试件相比有了明显的变化，其中含水量为8.56%时，总孔隙率为13.79%，并且在0.1～5 μm的孔径大小占了20.8%，随着含水量的依次增大，总孔隙率分别为9.22%、12.37%、11.54%。其内部孔径和含水量与8.56%的不尽相同。在后3个含水率中，并没有0.1～5 μm孔径的孔出现，变化规律基本与原状相同含水量的试件变化一致，观察各个不同孔径的孔隙率可以发现，随着含水率的增加，>75 μm的孔径孔隙率随含水量的增加呈现增大的趋势，这是因为础砂岩这种遇水则软的土质，大孔隙变化规律最大，含水量较低时，水分的不断结晶和融化改变了土的内部胶结结构，冻融循环的作用破坏了原有土质的骨架，随着含水量的增大，水分的增加也对内部的影响增大，充足的水分渗入了土体内部，对土体内部的孔隙都产生了影响；30～75 μm的孔径则也是呈现了随含水量的增加而增大的趋势，随后，剩下的<30 μm的孔径是基于前两种孔径孔隙率的变化而变化。图7-15可以比较直观地反映各孔隙之间的关系。

表 7-3 冻融后础砂岩孔径分析表

含水量/%	总孔隙率/%	不同孔径孔容及占有孔隙率/%							
		>75 μm		30～75 μm		5～30 μm		0.1～5μm	
8.56	13.79	7.49	1.033	4.56	0.629	67.073	9.23	20.8	2.8
10.27	9.22	12.86	1.186	6.686	0.633	80.46	7.41	0	0
11.53	12.37	9.55	1.181	9.24	1.143	81.21	10.04	0	0
13.7	11.54	14.51	1.674	10.24	1.182	75.25	8.68	0	0

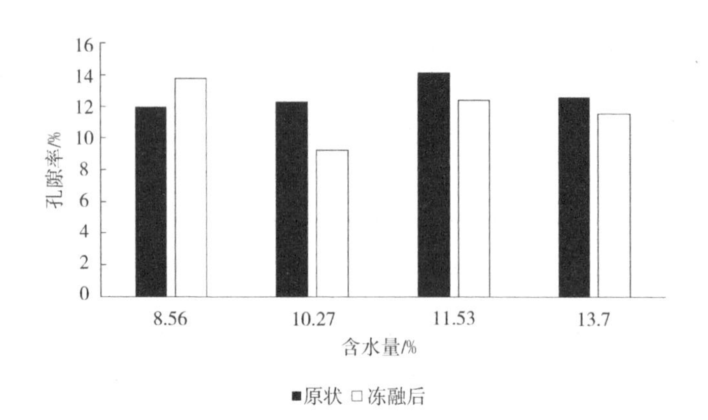

图 7-15 冻融前后砒砂岩孔隙率的对比

对冻融后的试件同样建立灰色关联分析，计算结果见表 7-4。

表 7-4 冻融后关联系数 ζ

序号	ξ_1	ξ_2	ξ_3	ξ_4
1	1	0.939 365 176 295 667	0.797 105 612 367 892	0.975 550 742 480 412
2	1	0.805 355 140 186 917	0.629 886 438 725 448	0.741 685 271 987 703
3	1	0.668 477 273 495 463	0.755 044 854 953 038	0.547 815 430 255 299
4	1	0.400 116 822 429 906	0.372 687 704 026 116	0.333 333 333 333 333

得到结果 r_1 = 0.928 005 38；r_2 = 0.794 231 71；r_3 = 0.742 834 39；r_4 = 0.526 534 45。

从计算结果分析，>75 μm 的孔径影响最大，冻融后孔径在 0.1～5 μm 范围内的关联度在 0.5 左右，说明小孔径也存在影响，而 30～75 μm 孔径和 5～30 μm孔径的关联度相差不大，即表明这两个孔径造成的影响力几乎等同。

将砒砂岩冻融前后进行对比，如图 7-15 所示，冻融后的砒砂岩试件在含水量大于 8.56%时，内部的总孔隙率与冻融前相比是减小的，总孔隙率的减小是因为本身经过冻融破坏后的压密作用，使得土体中的孔隙率变小，含水量为 8.56%的试件比冻融前的孔隙率增大，是因为冻融循环的作用导致土体中小孔隙的数量增大，表 7-5 中含水量为 8.56%时，出现了 0.1～5 μm 的孔隙，孔隙的相对面积增加了，所以就导致了孔隙率的增加。

表7-5 础砂岩不同含水量冻融前后的拟合关系表

T含水量	二者关系式	相关系数
8.56	$y=0.1943\ln x-1.5104$	$R^2=0.8149$
10.27	$y=0.2071\ln x-1.6295$	$R^2=0.8228$
11.53	$y=0.2142\ln x-1.8532$	$R^2=0.8082$
13.7	$y=0.2372\ln x-1.9277$	$R^2=0.876$
8.56	$y=0.1883\ln x-1.3667$	$R^2=0.9347$
10.27	$y=0.2026\ln x-0.9004$	$R^2=0.8393$
11.53	$y=0.2117\ln x-1.6936$	$R^2=0.8376$
13.7	$y=0.2256\ln x-1.9347$	$R^2=0.885$

7.5.2 累积孔隙体积分布分析

由于土体中的孔隙形状处于不规则的状态，并且孔的大小也各不相同，孔隙累积体积分布曲线以孔隙的体积随孔的直径的变化而不断增大的曲线来表示，反映不同含水量对应下的孔隙体积大小的集中程度。图7-16所示为原状础砂岩累积孔隙容积分布曲线，可以看出未经冻融的础砂岩在含水量为8.56%时在20～40 μm范围内孔径比较集中，而在0～20 μm范围内，含水量较小的以8.56%和10.27%为例，集中程度不如含水量大的明显，而在孔径大于40 μm后，所有的含水量的点都比较疏散，即础砂岩本身的土质中主要的孔径范围是20～40 μm。

图7-17所示为冻融后础砂岩累积孔隙容积分布曲线，经过冻融后孔隙的变化特征明显，在含水量为8.56%时，在0～5 μm和20～40 μm范围内，内部孔隙的变化程度较大，除了8.56%以外的含水量都是在20～40 μm的范围内集中，与图7-16对比可知，含水量为11.53%和13.7%时，孔径范围在0～20 μm内，图7-18的点分布比图7-17的要少，即经过冻融作用后，冻融后的础砂岩的这部分孔隙体积发生了转变，对0～20 μm范围内的孔径产生了影响，其余范围的孔

径变化不大。不同含水量的砒砂岩累计孔隙容积分布曲线有着显著性差异，孔径组成分布不同会导致其承受压力的不同。

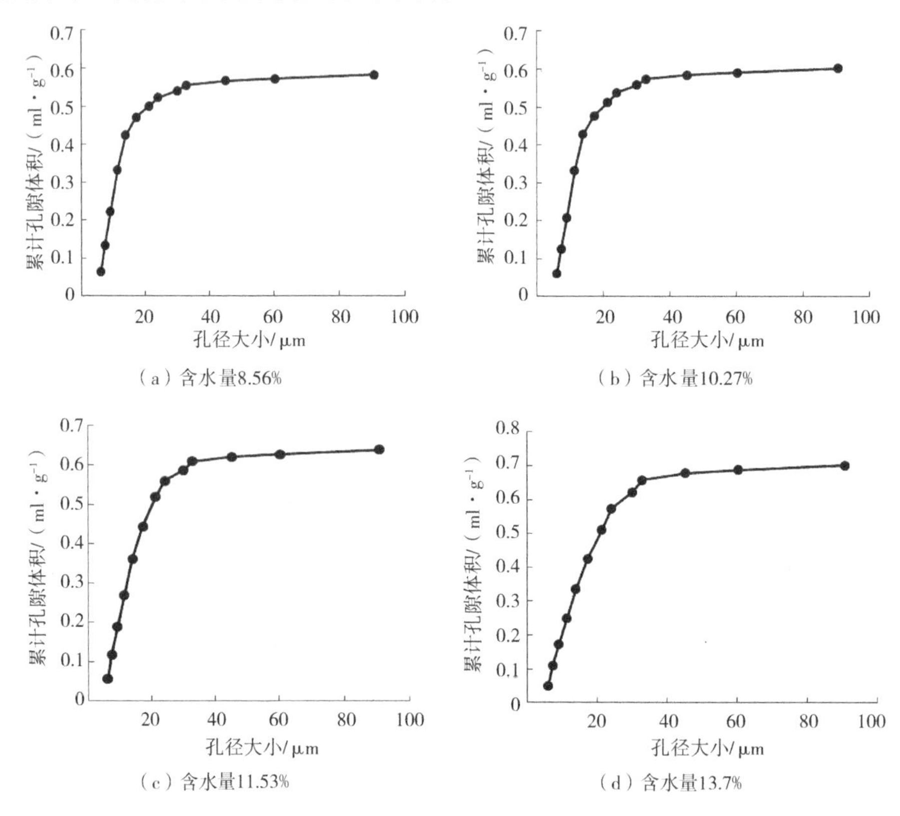

图 7-16 原状砒砂岩累积孔隙容积分布曲线

将砒砂岩孔径的大小和累积孔隙体积变化进行分析，冻融前后孔径的大小和累积孔隙体积变化均遵循对数衰减的函数关系。见表 7-5，其中 x 代表孔径大小，单位 nm；y 代表累计孔隙体积，单位 ml/g；相关系数为 R^2，拟合系数均在 0.8 以上，即符合对数衰减。

7.5.3 砒砂岩孔隙分形维数分析

Fractal Dimension 主要描述分形最主要的参量，简称分维。从物理意义来讲，分形维数反映了复杂形体占有空间的有效性，它是复杂形体不规则性的量

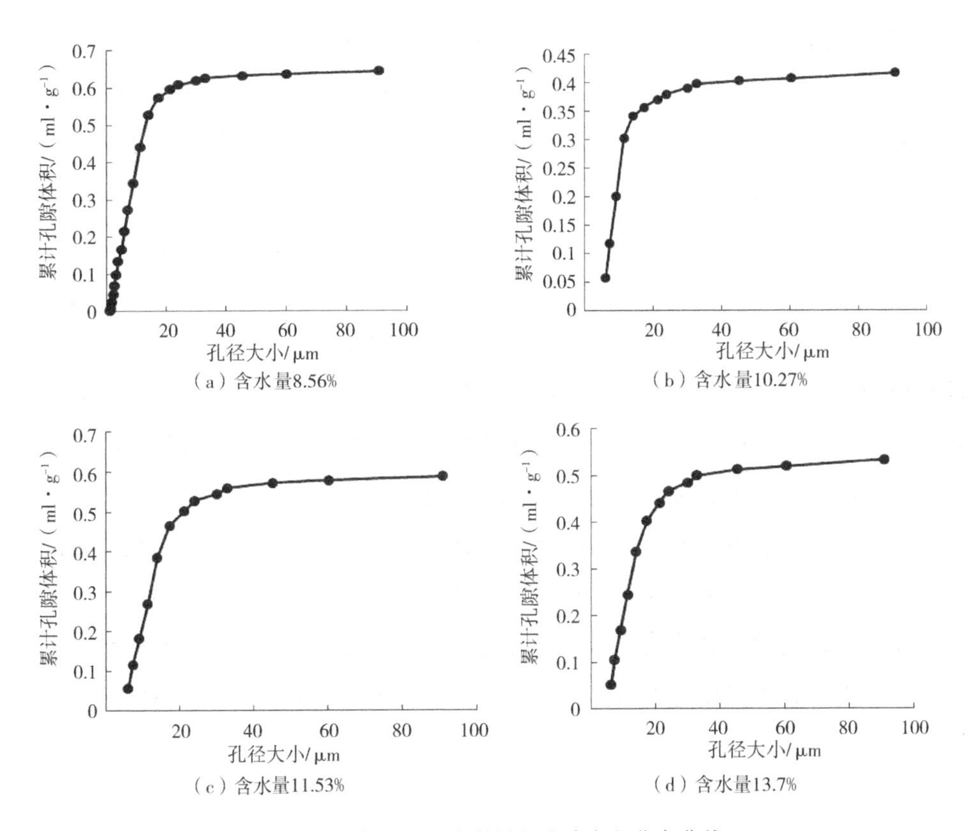

图 7-17　冻融后砒砂岩累积孔隙容积分布曲线

度。而从数学的角度出发，它是几何学的分形（fractal）理论，是现代数学的一个新分支。分形包括规则分形和无规则分形两种，对于砒砂岩的孔隙特征，采用无规则分形进行计算。其中具有分形特征的时间序列能使数据的结构函数满足：

$$S(\tau) = z(x+\tau) - z(x)^2 = C\tau^{4-2D} \tag{7-2}$$

式中　$z(x+\tau) - z(x)^2$——差方的算术平均值；

τ——数据间隔的任意选择值。

针对若干尺度 τ 对分形曲线的离散信号计算出相应的 $S(\tau)$，然后在对数坐标中得 $\log S(\tau) - \log\tau$ 直线的斜率 W，则分形维数为

$$D = \frac{4-W}{2} \tag{7-3}$$

将砒砂岩孔隙进行分维计算，图 7-18 所示为砒砂岩孔隙的分形维数 D 随含水量的变化关系，冻融前的原状砒砂岩分形维数在随含水量先上升后下降，8 次冻融后的砒砂岩在含水量为 8.56％到 10.27％时跳跃式上升，然后趋于平稳。这说明在一定的含水量范围内，土壤对外界存在着一定范围的缓冲作用，同样的含水量，冻融后的砒砂岩分形维数呈现先减小后增大的趋势，如含水量为 8.56％时，冻融后的分形维数 D 要比冻融前的 8.56％小得多，在 10.27％时，相差不多，但还是比冻融前小，而后又开始逐渐比冻融前大。这说明冻融后的砒砂岩孔隙结构的复杂程度在随着含水量的提高而提高，即使本身未冻融时的砒砂岩在随着含水量增加复杂程度在降低，但在冻融条件的影响下，本身条件的影响开始逐渐削弱，冻融占据了孔隙结构复杂度的主要因素。同时，分形维数 D 的大小可以在一定条件下表现土体的密实程度，分形维数越高，代表土体中黏粒含量的丰富程度越高。黏粒含量高的土体有利于形成团聚体，从而形成良好的结构，增加了土体颗粒之间的毛管孔隙。因此，研究分形维数与第二因素之间的联系具有一定的重要性。它可以作为土体性质中的一个有效指示因子，体现与不同粒级含量的正负相关性。

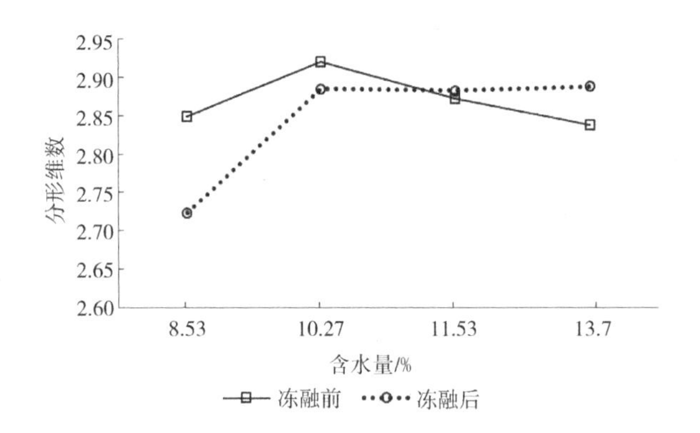

图 7-18 分形维数 D 随含水量的变化关系

根据压汞仪对反复冻融砒砂岩微孔隙进行分析，综上可知：

(1) 原状砒砂岩本身的土质中主要的孔径范围是 20～40 μm，冻融后砒砂岩累积孔隙容积分布曲线变化特征明显，主要的集中点在两个部分，分别为

0～5 μm和 20～40 μm 范围内。

（2）含水量为 8.56%时，砒砂岩的总孔隙率最低，而在含水量为 11.53%时，孔隙率达到最大值，占 14.15%。冻融后的砒砂岩试件在含水量大于 8.56%时，内部的总孔隙率与冻融前相比是减小的。含水量为 8.56%时，出现了 0.1～5 μm 的孔隙，孔隙的相对面积就增加了，所以导致了孔隙率的增加。

第8章　结论与展望

8.1　结论

砒砂岩侵蚀是极其复杂的过程，砒砂岩分布区的气候因素、土体结构构成、物化性质都起着至关重要的作用。本书对砒砂岩区季节温度、昼夜温差、降雨、大风等气候因素的变化特点进行了分析研究；对在自然因素影响下，针对不同频率、不同冻融次数、不同极端温度下的冻融循环的砒砂岩原状土体、相同干密度控制下重塑土体的组构、级配、含水量、黏聚力、内摩擦角、力学性能等进行分析研究；利用电镜扫描、超景深显微镜、动态图像颗粒分析仪、压汞仪等先进仪器对砒砂岩一次冻融前后和反复冻融后颗粒的排列、粒子尺度分布孔隙等微细观结构进行观测。探究了砒砂岩微细观结构与砒砂岩反复冻融作用下的抗剪强度、抗压强度等力学性能指标的变化关系；得到冻融作用下土体的内应力——黏聚力、抗剪强度变化规律；建立了砒砂岩在反复剪切作用下的剪胀规律；得到了砒砂岩冻胀和融沉的起始含水量以及冻胀和融沉规律；建立了基于邓肯-张模型下砒砂岩本构模型；并对微观结构进行定量的分析，提供了砒砂岩冻融结构变化的直观佐证。本书结合灰色关联理论、分形理论等，综合运用土力学、冻土力学理论和方法，对鄂尔多斯准格尔旗砒砂岩冻融侵蚀的机理及主要影响因素进行分析研究，从而得到以下结论。

(1) 砒砂岩区土壤侵蚀应力在时间上相互交替，在空间上交错分布。暖冷季节交替时以风—冻融作用为主，暖季以水力侵蚀为主。

(2) 各气候因素的时空耦合作用是砒砂岩区土壤发生强烈风—冻融侵蚀的主要影响因素。沙尘暴是该区域风—冻融侵蚀的主要表现形式，沙尘暴与大风日数、温度变化率正相关，与月平均降水量负相关，而且相关系数的平方都在0.9以上，进一步验证砒砂岩发生强烈风—冻融侵蚀与当地的气候条件是密切相关的。

(3) 含水量对原状砒砂岩无侧限抗压强度影响显著。砒砂岩抗压强度随含水量的增大呈对数规律急剧降低，直至消失。在含水量低于 7%时，砒砂岩表现极强的岩性特征，破坏形式与混凝土相似，砒砂岩抗压强度的应力—应变曲线符合萨恩斯模型，吻合效果很好。

(4) 原状砒砂岩是密度较大、孔隙率高、透水性较强、粒径分布相对分布集中且粒径较均匀的中粗砂。其抗剪强度与取样边坡角度、含水量的变化密切相关。90°方向砒砂岩抗剪切能力最强。

(5) 含水量对原状砒砂岩的抗剪强度影响显著，尤其在垂直低荷载作用下含水量对抗剪强度的影响剧烈；黏聚力随含水量增加呈对数规律降低，降低幅度显著；内摩擦角随含水量增加呈线性下降，变化幅度平缓，表明黏聚力是砒砂岩抗剪强度的主要提供者。

(6) 不同粒径砒砂岩的第 1 次剪切出现明显的应力峰值，表明砒砂岩存在应变软化的现象。随剪切次数增加，剪切应力与剪切位移关系曲线呈微硬化型。粒径不同，砒砂岩剪切强度不同，粒径≥0.25 mm 的砒砂岩抗剪强度和残余强度均最低。

(7) 随含水量的增加，峰值强度均有所降低。粒径≥0.5 mm 的峰值强度受含水量影响最显著，含水量从 5%增到 14%，峰值强度降低 22.3%。含水量对残余强度的影响具有相似性，所测 3 个粒径范围组含水量为 14%时的残余强度降低显著，远小于其他 3 个含水量的残余强度值，尤其是粒径不小于 0.5～1 mm 时残余强度锐减，含水率从 5%增到 14%，残余强度降低 43.1%。

(8) 砒砂岩在反复剪切过程中存在明显的剪缩、胀规律，拟合得到砒砂岩法向位移和剪切位移的函数关系，可以较好地反映砒砂岩剪切过程的位移变化规律。

(9) 砒砂岩重塑土在低围压下，应力—应变曲线近似应变软化型；在高围压下，表现出典型的应变硬化型。在加载初期，土体近似线弹性变形阶段，然后随着应变值的增大，土体进入弹塑性变形阶段。试样抗剪强度随着围压的增大，呈现近似线性增长的趋势；随着含水量的增大，土样抗剪强度呈线性减小。

(10) 基于邓肯-张模型理论，建立以含水量、围压为控制因素的砒砂岩重塑土的本构模型。且计算出的参数与试验值吻合程度较好，所以可以用此双曲线模型反映砒砂岩重塑土的本构关系。

(11) 冻融循环过程可以很清晰地反映原状砒砂岩在冻结和融化中固相、液相相互转化时其内部热量的变化；同时也反映随温度的变化，砒砂岩冻结、融化的体积变化过程，而体积的变化必然导致土体骨架特征发生相应的改变，这是造成砒砂岩结构性变化的主要原因。

(12) 冻胀率受含水量影响显著，含水量越大影响越显著。含水量为 8.56%和 10.27%时，冻胀率随冻融次数变化趋势相似，随次数增加而缓慢增大，但含水量为 10.27%的冻胀率明显大于 8.56%；含水量为 11.53%和 13.7%的砒砂岩，前 4 次的冻融过程受冻融次数影响显著，随冻融次数增加冻胀率增长较快，冻融次数大于 6 次后，冻胀率趋于平缓。

(13) 所有的二次融沉量都小于−1 mm，当含水率在某个阈值范围内，融沉量是随着冻融次数的增加而增大的。当冻融次数达到 7 次时，试样的融沉系数达到稳定，说明 7 次冻融足以反映土体的反复融沉特性。

(14) 原状砒砂岩多次冻融后的总融沉变形趋向于一个稳定值。含水量较小（不大于 10.27%）时，呈指数形式递减规律；含水量较大（不小于 11.53%）时，呈对数形式递增规律；无论哪种变化趋势，最终导致的总变形是一个定量；即冻融次数无限增加，总变形不发生变化。

(15) 在冻胀（融沉）正交试验分析中发现对冻胀率（融沉系数）影响最显著的因素为含水量，其次为冷端温度，影响最弱的为干密度。

(16) 并不是所有含水量的砒砂岩试件都发生融沉，只有当试件含水量超过起始融沉含水率后才发生融沉，试验得到砒砂岩的起始融沉含水量均在 13%左右。

(17) 砒砂岩试件的含水率大于起始融沉含水量时，融沉系数随含水量的增大呈线性增大；随干密度增大呈先减小后增大的趋势，干密度为 1.80 g/cm^3 时对应的融沉系数最小；融沉系数随冷端温度降低而增大。

(18) 含水量与冻融次数对砒砂岩黏聚力的影响相互作用，相同的冻融循环次数下，础砂岩黏聚力均随含水量的增大而减小；在相同的含水量下，未经冻融的础砂岩的黏聚力最大，随冻融循环次数的增加黏聚力降低，冻融 1 次后黏聚力的降低最大，在高含水量下表现尤其突出。

（19）在不同含水量下，础砂岩重塑土的黏聚力值随着冻融次数的增加，整体呈现先增大后减小，最终趋于稳定的变化趋势。内摩擦角值随冻融循环周期的增加，其变化范围是非常小的，所以冻融循环过程对土体黏聚力值的影响较大，对内摩擦角值的影响较小。

（20）冻融循环对础砂岩的峰值强度影响随含水量的增加而增大；在前 3～4 次冻融循环峰值强度会达到最低，然后都存在强度逐渐恢复的过程。

（21）在相同的冻融循环次数下，弹性模量随着围压的增大而增大；相同含水率下，弹性模量受冻融作用影响不明显；在饱和含水量之前，弹性模量基本保持不变，超过饱和含水量后，偏应力—应变曲线不再存在直线段，础砂岩全面进入塑性阶段。

（22）础砂岩重塑土冻融循环试样大致都经历三个阶段：①近似完全弹性阶段；②应变硬化阶段；③屈服阶段。

（23）在含水量为 13.63%时，各冻融循环次数下，础砂岩重塑土的应力—应变曲线在不同围压值下都呈现出随着轴向应变的增加而增大的现象，并且在出现峰值强度之后，随着应变量的增加，其应力值增长比较缓慢，表现出典型的应变硬化型曲线。

（24）未经历冻融的础砂岩应力—应变曲线表现出典型的软化特性，但随着冻融循环次数的增加，其应力—应变曲线软化特性消失，呈现出应变硬化特性。

（25）冻融作用会引起础砂岩颗粒间的重新排列，使得础砂岩土体的孔隙特征发生变化。而孔隙的变化必然导致土体骨架特征发生相应的变化，使传力结构的体系发生内部位移。量化经冻融循环作用的重塑础砂岩表观结构变化可知，含水量较低的础砂岩结构变化较小，各分割线上发生移动的最大位移为 95.2 μm；而含水量较高的础砂岩结构发生很大的变化，当含水率为 16%时，各分割线上发生移动的最大位移为 831.4 μm。

（26）基于 SEM 图像技术并结合 IPP 软件强大的图像分析功能分析可知，础砂岩的孔径大部分属于介孔中的最佳冻胀孔径；砒砂岩随着冻融次数的增加孔隙面积先增大再减小，冻融 10 次左右时达到最值，然后趋于平缓。

8.2 展望

砒砂岩侵蚀是复杂、综合因素共同作用的地理过程，是各影响因素耦合作用下动态的非平衡系统。影响砒砂岩侵蚀的因素包括气象、植被、砒砂岩结构、地形地貌、人类活动等。而这些影响因素在时间、空间的变化都是随机的。由此可知，砒砂岩侵蚀是冻融—风—重力—水等共同长期侵蚀作用的结果。正是由于这些影响因素的多样性和不确定性，使得对砒砂岩侵蚀的机理研究更加复杂。单纯利用某一学科、某一领域的知识很难得到解决，因此砒砂岩侵蚀的机理研究需要新的理论、方法、思路。从力学、地理学、冻土力学、颗粒流、岩石力学等多学科交叉研究，才能从根本上更好地解决砒砂岩侵蚀，为“地球癌症”做好诊断，从源头上提供治理措施。

本书针对内蒙古南部砒砂岩冻融侵蚀的状况开展了一系列基础性研究工作。对砒砂岩区的气候因素的变化特点可能造成砒砂岩侵蚀的气候因素等进行深入分析；对砒砂岩区的地质地貌，砒砂岩结构形成的特点、基本物化指标、力学性能、微细观结构变化特点等方面进行研究；对反复冻融条件下原状砒砂岩、重塑砒砂岩的力学性能的变化及变化影响因素进行探究，但是所研究的内容对砒砂岩侵蚀机理分析而言只是冰山一角。由于砒砂岩土体结构的复杂性和影响因素的多重性，要想全面真实地反映砒砂岩的侵蚀过程是很困难的。同时，受试验条件、作者水平等方面的限制，对于一些问题的研究不够彻底，影响因素研究不够全面。因此，还需要做更加细致深入、广泛的研究，主要包括以下内容。

（1）影响砒砂岩力学性能的因素有很多，在无侧限抗压强度研究中本书只针对含水量和取样角度做了相关研究，其他因素如密度、取样深度、长时间风化等对其抗压性能的影响需进一步探究；由于砒砂岩遇水成泥、表面砂粒易脱落的特殊性使得测量手段受到限制，许多需要饱水状态、抽真空后状态的试验都受到一定的限制，在微观结构的探究上存在许多问题，所以开发研制适用于半成岩结构、岩土结构的测试仪器以及理论还需要进一步丰富。

（2）在开展原状砒砂岩三温冻融循环试验、重塑砒砂岩冻融循环试验中，只针对含水量、冷端温度和干密度做了相关的研究，其他因素如外部荷载、含盐量等对砒砂岩融沉特性的影响需进一步探究；由于监测设备的限制，只能监测一次冻融循环完成后对砒砂岩冻胀、融沉位移的测定，无法实现温度、位移随时间变化的实时监测，无法建立温度场和位移场变化关系，没有实现水分在冻融过程迁移的监测和模拟。

（3）抗剪强度试验采用的是静三轴仪，后续可以利用冻三轴，利用设备自身的冻融作用去测它的强度变化、变形情况、水分迁移等指标的变化规律。这样可以减少人为多次操作的误差，也更能体现季节性冻土地区的环境特点。

（4）可根据化学元素迁移，分析在冻融过程中砒砂岩化学元素的变化是否会对宏观的强度变化产生影响，是否会与砒砂岩冻融过程中颗粒分布、微观裂纹的发展有一定的关联性，同时借助电镜扫描的方式观察其内部结构的变化，建立宏观和微观变化的相互关系；同时充分考虑多场耦合的作用，如利用温度、位移和力学等知识相融合，建立砒砂岩侵蚀的相关模型研究，能够对砒砂岩机理性分析提供依据。

（5）由于砒砂岩脆性强，传统钻取芯根本无法取样，要控制单一因素分析，能实现完整的力学标准试件取样也是亟待解决的问题。因此，研制和开发适合野外取样的仪器，找出科学的方法，制定统一的规范，采用先进的技术手段，才能将野外、室内试验有机结合。

对于砒砂岩地区加大资金投入力度和连续性，是继续开展砒砂岩深入研究的有效保障。

参考文献

[1] 许炯心．黄河中游多粗沙区的风水两相侵蚀产沙过程 [J]．中国科学，2000，30 (5)：540-548.

[2] 毕慈芬，王富贵，等．础砂岩地区沟道植物“柔性坝”拦沙试验 [C]．面向21世纪的泥沙研究，成都：四川大学出版社，2000.

[3] 赵羽，金争平，史培军，等．内蒙古土壤侵蚀研究 [M]．北京：科学出版社，1989.

[4] 毕慈芬，王富贵．础砂岩地区础砂岩侵蚀机理研究 [J]．泥沙研究，2008，2 (1)：70-73.

[5] 叶浩，石建省，侯宏冰，等．内蒙古南部础砂岩岩性特征对重力侵蚀的影响 [J]．干旱区研究，2008，25 (3)：403-405.

[6] 孙树林，王利丰．饱和、非饱和有机质粉土抗剪强度的对比 [J]．岩土工程学报，2006，28 (11)：1932-1935.

[7] 李晓丽，于际伟，刘李杰，等．鄂尔多斯础砂岩力学特性的试验研究 [J]．干旱区资源与环境，2016，30 (5)：118-123.

[8] 叶浩，石建省，王贵玲，等．础砂岩化学成分特征对重力侵蚀的影响 [J]．水文地质工程地质，2006，33 (6)：5-9.

[9] 石迎春，叶浩，侯宏冰，等．内蒙古南部础砂岩侵蚀内因分析 [J]．地球学报，2004，25 (6)：659-664.

[10] 吴利杰，李新勇，石建省，等．础砂岩的微结构定量化特征研究 [J]．2007，28 (6)：597-602.

[11] 董晶亮，张婷婷，王立久．碱激发固化矿粉/础砂岩复合材料 [J]．复合材料学报，2016，33 (1)：132-141.

[12] 姚文艺，吴智仁，刘慧，等．黄河流域础砂岩区抗蚀促生技术试验研究 [J]．人民黄河，2015，37 (1)：6-10.

[13] 李长明，宋丽莎，王立久．础砂岩的矿物成分及其抗蚀性 [J]．中国水土保持科学，2015，13 (2)：11-16.

[14] 叶浩，石建省，李向全，等．础砂岩岩性特征对抗侵蚀性影响分析 [J]．地球学报，

2006，27（2）：145-150.

[15] 唐政洪，蔡强国，李忠武，等．内蒙古础砂岩地区风蚀、水蚀及重力侵蚀交互作用研究[J]．水土保持学报，2001，15（2）：25-29.

[16] 赵国际．内蒙古础砂岩地区水土流失规律研究[J]．水土保持研究，2001，4（4）：158-160.

[17] 杨具瑞，方铎，毕慈芬，等．础砂岩区小流域沟冻融风化侵蚀模型研究[J]．中国地质灾害与防治学报，2003，14（2）：87-93.

[18] 刘立起，安兴琴，李彩莺．宁夏盐池沙尘暴特征分析[J]．中国沙漠，2003，23（1）：33-37.

[19] 毕慈芬，王富贵．础砂岩地区土壤侵蚀机理研究[J]．泥沙研究，2008，2（1）：70-73.

[20] 王愿昌，吴永红，闵德安，常玉忠，张绒君．础砂岩区水土流失治理措施调研[J]．国际沙棘研究与开发，2007，5（1）：39-44.

[21] 袁勤，崔向新，乔荣．础砂岩区不同人工林对土壤理化性质的影响[J]．北方园艺，2013（18）：52-55.

[22] 袁勤，崔向新，蒙仲举．础砂岩区不同人工林林下草本层植物的结构特征[J]．绿色科技，2013（5）：47-50.

[23] 党晓宏，高永，汪季，等．础砂岩沟坡沙棘根系分布特征及其对林下土壤的改良作用[J]．中国水土保持科学，2012，10（4）：45-50.

[24] 肖培青，姚文艺，刘慧．础砂岩地区水土流失研究进展与治理途径[J]．人民黄河，2014，36（10）：92-94，109.

[25] 苏涛，张兴昌．EN-1对础砂岩固化土坡面径流水动力学特征的影响[J]．农业机械学报，2011，42（11）：490-495.

[26] 姚文艺，吴智仁，刘慧，等．黄河流域础砂岩区抗蚀促生技术试验研究[J]．人民黄河，2015，37（1）：6-10.

[27] 韩霁昌，付佩，王欢元，等．础砂岩与沙复配成土技术在毛乌素沙地土地整治工程中的推广应用[J]．科学技术与工程，2013，13（25）：7287-7293.

[28] 张露，韩霁昌，罗林涛，等．础砂岩与风沙土复配土壤的持水特性研究[J]．西北农林科技大学学报，2014，42（2）：1-8.

[29] 摄晓燕，张兴昌，魏孝荣．适量础砂岩改良风沙土的吸水和保水特性[J]．农业工程学报，2014，30（14）：115-123.

[30] 温婧，朱元骏，殷宪强，等．砒砂岩对 Pb（Ⅱ）的吸附特性研究［J］．环境科学学报，2014，34（10）：2491-2499.

[31] 温婧，朱元骏，张兴昌，等．砒砂岩修复晋陕蒙能源区铅污染土壤的研究［J］．环境科学学报，2015，35（3）：873-879.

[32] 郭凌俐，王金满，白中科，等．黄土区露天煤矿排土场复垦初期土壤颗粒组成空间变异分析［J］．中国矿业，2015（2）：52-59.

[33] 甄庆，摄晓燕，张应龙，等．晋陕蒙能源区不同构型土体水分入渗特性模拟［J］．农业机械学报，2015，46（8）：90-96.

[34] 李长明，宋丽莎，王立久．砒砂岩的矿物成分及其抗蚀性［J］．中国水土保持科学，2015，13（2）：11-16.

[35] 董晶亮，张婷婷，王立久，等．内蒙古砒砂岩的性能及其对水泥力学性能影响的研究［J］．中国水土保持科学，2015（7）：46-49.

[36] 董晶亮，张婷婷，王立久．碱激发改性矿粉/砒砂岩复合材料［J］．复合材料学报，2016，33（1）：132-141.

[37] 彭丽云，刘建坤，田亚护，钱春香．正融土无侧限抗压试验研究［J］．岩土工程学报，2008（9）：1338-1342.

[38] 孙树林，王利丰．饱和、非饱和有机质粉土抗剪强度的对比［J］．岩土工程学报，2006，28（11）：1932-1935.

[39] 唐自强，党进谦，樊恒辉，等．分散性土的抗剪强度特性试验研究［J］．岩土力学，2014，25（2）：435-440.

[40] 刘祖德，陆士强，包承纲，等．发展水平报告之一．土的抗剪强度特性［J］．岩土工程学报，1986（1）：6-46.

[41] 倪九派，袁天泽，高明，等．土壤干密度和含水量对 2 种紫色土抗剪强度的影响［J］．水土保持学报，2012，26（3）：72-77.

[42] 李晓丽，翟涛，张强．反复剪切作用下砒砂岩土壤力学性能试验［J］．农业工程学报，2015，31（21）：154-159.

[43] 余文龙，张健，张顺峰，等．黄土结构性定量化研究新进展［J］．水文地质工程地质，2011，38（5）：120-127.

[44] 赵阳，周辉，冯夏庭，等．不同因素影响下层间错动带颗粒破碎和剪切强度特性试验研究［J］．岩土力学，2013，34（1）：13-22.

[45] 迟明杰，赵成刚，李小军．砂土剪胀机理的研究 [J]. 土木工程学报，2009 (3)：99-104.

[46] Saenz I P. Discussion of Equation for the Stress-strain Curve of Concrete?. By Desayi and Krishnan，Journal of the American Concert Institue，Proceedings，September，1964，61 (9)：1229-1235.

[47] Lade P V，Yamamuro J A. Journal of Geotechnical Significance of Particlecrushing in Granular Materials [J]. Journal of Geotechnical Engineering，1996，122 (4)：309-316.

[48] Hardin B O. Crushing of soil particles [J]. Journal of Geotechnical Engineering，1985，111 (10)：1177-1192.

[49] 王光进，杨春和，张超，等．粗粒含量对散体岩土颗粒破碎及强度特性试验研究 [J]. 岩土力学，2009，30 (12)：3649-3654.

[50] Miura N，Yamanouchi T. Effect of Pore Water on the Behavior of a Sand under High Pressures [J]. Technology Reports of the Yamaguchi University，1974，1 (3)：409-417.

[51] Vaunat J，Amador C，Romero E，et al. Residual Strength of Low Plasticity Clay at High Suctions [C] //Proceedings of the 4th International Conference on Unsaturated Soils (Reston：[s. n.])，2006.

[52] ReynoldsO. On the Dilatancy of Media Composed of Rigid Particles in Contact [J]. Philosophical Magazine，1885.

[53] Rowe P W. The Relation Between the Shear Strength of Sands in Triaxial Compression Plane Strain and Direct Shear [J]. Geotechnique，1969，19 (1)：75-86.

[54] Rowe P W. The Stress-dilatancy Relation of Static Equilibrium of Anassembly of Particles in Contact [C] //Proceedings of the Royal Society of London. [S. l.]： [s. n] . 1962：500-527.

[55] Dafalias Y F. An Anisotropic Critical State Clay Plasticity Model [J]. Mechanics Research Communications，1986，13 (6)：341-347.

[56] Li X S，Dafalias Y F. Dilatancy for Cohesionless Soils [J]. Geotechnique，2000，50 (4)：449-460.

[57] Li X S，Dafalias Y F，Wang Z L. State Dependent Dilatancy in Critical Stateconstitutive Modelling of Sand [J] . Canadian Geotechnical Journal，1999，36 (4)：559-611.

[58] Pradhan T B S，Tatsuoka F，Sato Y. Experimental Stress Dilatancy Relation Subjected to

Cyclic Loading [J]. Soils and Foundations，1989，29 (1)：35-46.

[59] Majid T，Nour M A. Significance of Soil Dilatancy in Slope Analysis [J]. Journal of Geotechnical and Geoenvironmental Engineering，ASCE，2000，26 (1)：75-80.

[60] 陈守义. 各向异性线弹性体的剪胀状与压斜 [J]. 岩土力学，1990，11 (1)：41-50.

[61] 魏汝龙. 总应力法计算土压力的几个问题 [J]. 岩土工程学报，1995，17 (6)：120-125.

[62] Baum R L，Coe J A，Godt J W，et al. Regional Landslide Hazard Assessment for Seattle，Washington，USA [J]. Landslindes，2005 (4)：266-279.

[63] 夏艳华. 黄土抗侵蚀能力与抗剪强度关系研究 [J]. 水利水电技术，2012，43 (9)：119-122.

[64] 胡斐南，魏朝富，许晨阳，等. 紫色土区水稻土抗剪强度的水敏性特征 [J]. 农业工程学报，2013，29 (3)：107-114.

[65] 冯晓斌，丁启朔，丁为民，等. 重塑黏土圆锥指数和抗剪强度的关系 [J]. 农业工程学报，2011，27 (2)：146-150.

[66] Simon R. Analysis of Fault-slip Mechanics in Hard Rock Mining [D]. Canada：McGill University，1999：118-120.

[67] 褚福永，朱俊高，殷建华. 基于大三轴试验的粗粒土剪胀性研究 [J]. 岩土力学，2013，34 (8)：2249-2254.

[68] 孙海忠，黄茂松. 考虑粗粒土应变软化特性和剪胀性的本构模型 [J]. 同济大学学报(自然科学版)，2009，37 (6)：727-732.

[69] 鹿英奎，王运霞，邢硕. 饱和沙土剪胀性本构模型试验研究 [J]. 北方工业大学学报，2014，26 (3)：86-94.

[70] 陈晓平，杨光华，杨雪强. 土的本构关系 [M]. 北京：中国水利水电出版社，2011.

[71] 孙谷雨，杨平，刘贯荣. 南京地区冻结粉质勃土邓肯-张模型参数试验研究 [J]. 岩石力学与工程学报，2014，33 (1)：2989-2995.

[72] 霍晓龙，陈寿根，卫苗苗，等. 基于FLAC3D的季节冻土路基冻融变形分析地 [J]. 地下空间与工程学报，2015，11 (3)：796-802.

[73] 狄彦，帅健，孔令圳. 冻土冻胀及其对管道的作用分析 [J]. 地下空间与工程学报，2016，12 (3)：634-640.

[74] 刘卫东，苏文梯，王依民. 冻融循环作用下纤维混凝土的损伤模型研究 [J]. 建筑结构

学报，2008，29（1）：124-130.

[75] 毕贵权，张侠，李国玉，等．冻融循环对黄土物理力学性质影响的试验［J］．兰州理工大学学报，2010，36（2）：114-120

[76] 肖东辉，冯文杰，张泽．冻融循环作用下黄土孔隙率变化规律［J］．冰川冻土，2014，36（4）：907-912.

[77] 周泓，张泽，秦琦，等．冻融循环作用下黄土基本物理性质变异性研究［J］．冰川冻土，2015，37（1）：162-166.

[78] 王泉，马巍，张泽，等．冻融循环对黄土二次湿陷特性的影响研究［J］．冰川冻土，2013，35（2）：376.

[79] 张慧梅，杨更社．冻融岩石损伤劣化及力学特性试验研究［J］．煤炭学报，2013，38（10）：1756.

[80] 连江波，张爱军，郭敏霞，等．反复冻融循环对黄土孔隙比及渗透性的影响［J］．人民长江，2010，41（12）：55-61.

[81] 陈溯航，李晓丽，张强，等．鄂尔多斯红色砒砂岩冻融循环特性［J］．中国水土保持科学，2016，8，14（4）：70-77.

[82] 陈溯航，李晓丽，张强，等．冻融循环下鄂尔多斯红色砒砂岩融沉特性研究［J］．地下空间与工程学报，2016，12（S2）：457-462.

[83] 刘李杰，白英，李晓丽，等．多因素耦合作用下砒砂岩冻胀性能试验［J］．哈尔滨工业大学学报，2016，11，48（11）：169-173.

[84] 李晓丽，于际伟，刘李杰．鄂尔多斯砒砂岩土壤侵性与气候条件关系的研究［J］．内蒙古农业大学学报（自然科学版），2014（3）：98-102.

[85] 张强，李晓丽，陈溯航，等．多因素影响下砒砂岩融沉特性试验研究［J］．水土保持通报，2017，37（1）：45-50.

[86] 谈云志，王世梅．直剪试验数据处理方法的对比分析［J］．三峡大学学报（自然科学版），2005（2）：132-133，141

[87] 陈金桩．关于起始冻胀含水率的讨论［J］．冰川冻土，1986（3）：223-226.

[88] 张婷．人工冻土冻胀、融沉特性试验研究［D］．南京林业大学，2004.

[89] 李明玉，李晓丽，陈溯航，等．冻融循环对鄂尔多斯砒砂岩重塑土样力学性能影响［J］．排灌机械工程学报，2016，34（10）：897-903.

[90] 马巍，王大雁，等．冻土力学［M］．北京：科学出版社，2014.

[91] 李明玉，李晓丽，陈溯航，等．砒砂岩重塑土强度和应力—应变曲线试验研究 [J]．排灌机械工程学报，2018．2，36 (2)：179-184.

[92] 张礼中，胡瑞林，李向全，等．土体微观结构定量分析系统及应用 [J]．地质科技情报，2008 (1)：108-112.

[93] 胡瑞林，李向全，官国琳，等．土体微结构力学——概念·观点·核心 [J]．地球学报，1999 (2)：38-44.

[94] 唐朝生，施斌，王宝军．基于 SEM 土体微观结构研究中的影响因素分析 [J]．岩土工程学报，2008 (4)：560-565.

[95] 张礼中，胡瑞林，李向全，等．土体微观结构定量分析系统及应用 [J]．地质科技情报，2008 (1)：108-112.

[96] 毛灵涛，薛茹，安里千．MATLAB 在微观结构 SEM 图像定量分析中的应用 [J]．电子显微学报，2004 (5)：579-583.

[97] 左婧，徐卫亚，王环玲，等．岩石电镜扫描图像的分形特征研究 [J]．三峡大学学报 (自然科学版)，2014 (2)：72-76.

[98] 贾海梁，项伟，谭龙，等．砂岩冻融破坏机制的理论分析和试验验证 [J]．岩石力学与工程学报，2016 (5)：879-895.

[99] 王家澄，程国栋．孔隙特征对材料在冻结过程中位移的影响 [J]．冰川冻土，1993 (1)：182-185.